SHENQIDEYUZHOU

神奇的宇宙

月球是否是人类未来的家园

张法坤◎编著

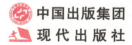
中国出版集团
现代出版社

图书在版编目（CIP）数据

月球是否是人类未来的家园／张法坤编著．—北京：现代出版社，2012.12（2024.12重印）

（神奇的宇宙）

ISBN 978 - 7 - 5143 - 0930 - 0

Ⅰ.①月… Ⅱ.①张… Ⅲ.①月球探索 - 青年读物
②月球探索 - 少年读物 Ⅳ.①V1 - 49

中国版本图书馆 CIP 数据核字（2012）第 275010 号

月球是否是人类未来的家园

编　　著	张法坤
责任编辑	张　晶
出版发行	现代出版社
地　　址	北京市朝阳区安外安华里 504 号
邮政编码	100011
电　　话	010 - 64267325　010 - 64245264（兼传真）
网　　址	www. xdcbs. com
电子信箱	xiandai@ cnpitc. com. cn
印　　刷	唐山富达印务有限公司
开　　本	710mm×1000mm　1/16
印　　张	12
版　　次	2013 年 1 月第 1 版　2024 年 12 月第 4 次印刷
书　　号	ISBN 978 - 7 - 5143 - 0930 - 0
定　　价	57.00 元

前 言

"海上升明月，天涯共此时"，月亮，常常引起人们的美好情愫，诗人的无限遐想，游子的思乡之情。在很长的一个历史时期内，月亮都披着神秘的面纱，引起人们的好奇与幻想，因此在世界各国都有关于月亮的神话与传说。我国有"嫦娥奔月"的美丽神话，古希腊人把月球看做美丽的狩猎女神。自古以来人类一直怀着一个美好的理想，那就是总有一天要飞到月亮上去。只是直到 20 世纪 60 年代研制了威力强大的"土星 5 号"火箭推进器，以及"阿波罗"宇宙飞船之后，人类的愿望才得以实现。月亮的面纱因此逐渐被揭开，现在我们认识到月球是地球唯一的天然卫星，本身不发光，也没有大气，整个月球是一个荒凉死寂的世界。

月球表面的主要地形构造是山脉、环形山和海。它们都早已被赋予了各种各样的名称。由伽利略等科学家早期观测并予以证实的月海，一般都用拉丁名字来称呼，如：风暴洋、雨海、湿海、云海、汽海、静海、丰富海、梦湖等。前苏联根据第一批月背照片建立月背图的时候，为一些最明显的月面构造取了名字，如：莫斯科海、苏维埃山脉以及齐奥尔科夫斯基环形山、罗蒙诺索夫环形山、祖冲之环形山等。

21 世纪的到来，探月活动又开始进入一个新的高潮期，这期间除了发射月球探测器对月球做进一步深入探测以外，开发利用月球资源，建立月球基地将成为新一轮月球探测热潮的重要目标。

科学家用光谱分析鉴别出月岩中含有地壳里的全部元素和 60 种左右的矿物，其中有 6 种矿物是地球上所没有的。在月球土壤中，氧占 40%，它是推进剂和受控生态环境生命保障系统的供氧源；硅占 20%，是制作太阳电池阵

的原材料；其他诸如铝占 6% ~8% 、镁占 3% ~7% 、铁占 5% ~11.3% 、钙占 8% ~10.3% 、钛占 5% ~6% ，钠、钾、锰含量占千分之几。月球上还富含地球上稀有的能源 ^{3} 氦，它是核聚变反应堆的理想燃料，高效清洁、安全廉价，是解决未来能源危机的希望之一。从月球岩石标本上还发现有一层很薄的无锈铁薄膜，这种铁不会被氧化，是通常所说的"纯铁"，对人类非常有用。

当前，美国在研讨未来月球冶金工业的建设方案。估计到 2025 年左右，月球上就会出现第一批冶金厂。生产各种金属制件和液氧，供建设月球基地、太阳能电站、空间站以及其他航天器的需要。

月球上有很高的真空度以及较小重力，是人类的天然空间站。人类在将来完全可能将一些物理、化学、生物等在地球上做不了的实验移到月球去做。月球还能成为未来特殊材料制造工业基地，制造人类急需而地球上又无法制备的特殊材料和极精密的材料。

开采月球的天然矿藏是十分有吸引力的，在月球基地上将材料加工成最终产品，供给人类使用，将是一项高效益的产业，前景十分广阔而美好。

目　录

人类对月球的认识

走进月球世界

人类对月球的认识

　　皓月当空，月华如水，常令人思绪万千，遐想无限。我国自古流传着"嫦娥奔月"、"吴刚伐桂"等美丽神话。古希腊人把月球看做美丽的狩猎女神阿尔忒弥斯，并且把女神狩猎时从不离身的银弓作为月球的天文符号，记为"月牙形"。

　　然而随着科技的发展，当今大型天文望远镜能分辨出月面上约50米的目标，并且已经有人类登上月球，现在我们知道，那是一个死寂的荒凉世界，并非广寒仙境。它本身不发光，也没有大气，太阳光照在月球表面，有的地方反光大，有的地方反光小，所以我们就看到月面上有明有暗。

　　月球是地球唯一的天然卫星，形状是一个浑圆的球，面积是3 800万平方千米，比亚洲的面积略大一些。体积是220亿立方千米，地球比它约大49倍。月球上的引力只有地球的1/6，也就是说，如果你在地球上能跳1米高，到了月球上，你就能跳6米高。

月球是怎样形成的

　　天文学家对月球的位置、运动规律和物理性质作了周密的研究，随科学技术的突飞猛进，又利用人造地球卫星、无线电技术、激光技术和计算机技术对月球作了进一步的测量和考察，取得了大量更新、更丰富的资料。

　　尽管如此，对"月球起源"这个十分古老的问题，今天的天文学家仍然是众说纷纭或语焉不详。

月 球

月球是怎样形成的？撇开人类早期那些不着边际的神话，如果将18世纪以来的月球起源假说归纳起来，可以分为3类，即同源说、分裂说和俘获说。有些科学家认为，月球是46亿年前，与地球一样是宇宙的气体和尘埃形成的；另一些人则认为，月球是地球的孩子，从地球分裂出去的。然而，太阳神号几次带回的数据显示，月球和地球的成分大不相同。不少的科学家认为，月球在很多年以前，偶然被吸入地心引力范围，因而才意外地纳入地球的轨道。但也有人引用天体力学来反对这种说法。

同源说

同源说是最早出现的一种月球起源假说，它主张月球和地球具有相同的起源。18世纪法国天文学家布丰是这类起源说的最早代表。布丰认为：太阳系的所有天体起源于一次彗星对太阳的猛烈碰撞所撞下来的太阳碎块。稍后，德国的康德和法国的拉普拉斯提出了著名的太阳系起源的"星云说"，认为月球和地球都是同一团弥漫物质形成的。这团弥漫物质的大部分形成地球，小部分形成月球，或者地球形成后剩余的物质形成了月球。按照这种理论，地球的年龄和月球的年龄应该不相上下。

近年来，科学家对"阿波罗"宇航员们从月面采集的月岩样品作了放射性年代测定。结果证明，月球形成的时间和地球形成的时间相同，即都形成于46亿年前。在这一点上，同源说获得了实验的支持。但同源说却无法解释为什么具有相同起源的地球和月球，在物质组成上却有显著的差异？它们的密度为什么不同？它也无法解释，与太阳系其他行星的卫星相比，月球所具有的一系列特征。譬如，其他卫星与中心行星的质量比都小于1/10 000，而月球与地球的质量比却高达1/81，这在太阳系中没有第二例。同源说显然要对太阳星云中的地—月形成区情况，做相当多的规定才行。

分裂说

英国天文学家乔治·达尔文在研究地－月间的潮汐影响时，注意到由于潮汐作用，地球的自转速度在逐渐变慢，月球在逐渐远离地球。他由此推断月球在远古时一定离地球非常近。达尔文在 1879 年发表了题为《太阳系中的潮汐和类似效应》的文章，提出月球在形成之前是地球的一部分。他认为，在太阳系形成初期，地球还处于熔融状态时，地球的转速相当高，以致有一部分物质被从赤道区甩了出去。后来，这部分物质演化成为今天的月球，甚至还认为太平洋就是月球分出去后留下的疤痕。

有不少人支持达尔文的观点。据计算，月球的物质刚好能填满太平洋。支持者们认为，分裂出去的是上地幔物质，因此月球没有地球那样的金属核，密度与地壳接近也就变得合情合理了。另外，现代激光测距测出月球每年远离地球 5 厘米，因而在遥远的过去，月球确实离地球近多了。

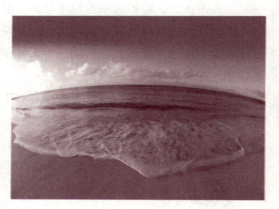

潮汐现象

但是，这个罗曼蒂克的假说也遇到了重重困难。譬如，马尔科夫在研究太阳系中各天体时，注意到天体的扁率与它的自转速度、密度有关。要使地球上的物体在离心力作用下飞离出去，地球的自转速度必须是现在的 17 倍。然而根据地—月系现状和角动量守恒定律，推算出的 46 亿年前的地球自转率并不是那么快。况且，如果月球是从地球上飞出去的，那么，月球的轨道应该位于地球的赤道面上，而事实却不是这样。另外经过研究证明，熔融状态的地球根本不可能分出一部分物质去。即使退一步说，月球是从地球分裂出去的，那么在刚分出去的时候，也一定会受到地球的引力作用而产生很大的潮汐，最后还是会重新落到地球上来的。再有，对太平洋底部的研究，证明它和其他海洋底部的结构相同，由洋底沉积的厚度及沉积速度来看，太平洋的年龄只有 1 亿年，和月球的年龄相差悬殊。

俘获说

鉴于同源说和分裂说所遇到的困难，瑞典天文学家阿尔文提出了"俘获说"。该假说认为：月球和地球是在不同的地方形成的，月球本来只是太阳系中的一颗小行星，一次偶然的机会，因为运行到地球附近，被地球的引力所俘获，从此再也没有离开过地球，成为地球的卫星。这个颇富戏剧性的假说受到多数科学家的赞成，它很好地说明了地球和月球在物质组成上的差异，以及不同于太阳系其他卫星的特征。

还有一种接近俘获说的观点认为，地球不断把进入自己轨道的物质吸积到一起，久而久之，吸积的东西越来越多，最终形成了月球。

然而和上述其他两种假说一样，俘获说也有难以自圆其说的地方。首先是月球太大，地球俘获如此之大的一个天体是很难想象的，即使能抓住，轨道也不会像现在这样规则。

上述 3 种月球起源假说，可以说各有千秋，都能或多或少地解释月球的成分、密度、结构、轨道及其他基本事实。从目前来看，除分裂说遇到致命的问题，似乎难以成立外，俘获说和同源说这两种假说究竟哪一种更合理一些，还无定论。现有假说的困难，迫使天文学家不得不另辟蹊径，提出新的起源假说。

大碰撞假说

美国科学家本兹、斯莱特里以及卡梅伦，于 1986 年 3 月在美国休斯敦举行的一次月亮和行星讨论会上，提出了一个崭新的、摆脱了上述 3 种假说框框的月球成因假说。该假说认为：在太阳系早期，行星际空间有大量的"星子"，星子经过碰撞、吸积而逐渐变大。大约在相当目前地—月系统存在的空间范围内，形成了一个质量大约相当于现在地球质量 9/10 的原始地球，和一个火星般大小的天体。这两个天体在各自的演化中，均形成了以铁为主的金属核和以硅酸盐组成的幔和壳。由于这两个天体相距不远，因此相遇的机会就很大。一次偶然的机会，那个小的天体以每秒 5 千米左右的速度撞向地球。剧烈的碰撞不仅使地球的轨道发生了偏斜，使地轴倾斜，而且使火星般大小的撞击体碎裂，壳和幔受热蒸发，膨胀的气体裹挟着尘埃飞离地球。这些飞离的物质中还包括少量的地幔物质。火星般大小的天体碰撞后，被分离的金属核因受胀飞离的气体阻碍而减速，被吸积在地球上。飞离的气体尘埃受地球的引力作用，一部分处于洛希极限内，一部分落在洛希极限外，呈盘状物出现。位于洛希极限外的物质通过吸积，先形成几个小天体，最后不断吸积，像滚雪球似的形成了月球。

这一新的"大碰撞"假说，在某种程度上兼容了3种经典假说的优点，并得到了一些地球化学、地球物理学实验的支持。

由于大碰撞假说认为，月球是撞击后飞离的物质凝聚而成，这样就不必要求月球的运行轨道非要与地球赤道面重合不可。此外，由于月球的大小取决于飞离物质的多少，因此也不必考虑为什么地、月的质量比远大于其他行星和它们的卫星了。

从物质组成看，由于该假说认为月球是由碰撞体和少量地幔组成的，这就解释了月球密度为什么较低，没有像地球那样的金属核。另外由于碰撞所产生的高温使易挥发的元素蒸发掉，从而也解释了月球上为什么富集难熔元素，而缺少易挥发元素。

目前，大碰撞假说还未得到天文学家的普遍承认，需要进一步研究以改进和完善。这需要做很多工作。

月球行星论

天文学家无论是在讨论经典假说还是大碰撞假说时，都把月球看做是地球的一颗卫星，而不久前有人提出了一个新奇的观点，认为月球原来是太阳系的一颗行星。

美国著名地球物理学家爱拜塞尔在《地球》一书中提出："近代太阳系形成学说确认月球是个正统的行星。实际上地球和月球是一个双星系统的关系，而绝不是从属于地球的母子关系。"他的证据是：（1）在形成年代上，月球略早于地球；（2）地、月的直径比和质量比相差不多，卫星与主体行星之间这样大的比值在太阳系中"只此一家"；（3）地球属于类地行星，而类地行星除地球和火星以外，其他的都无卫星；（4）月球并没有绕着地球旋转，而是伴着地球对转。在太阳系中，其他行星的公转轨道都是比较光滑的图形，唯有地球的公转轨道是波浪般的图形。

月球行星论产生了一定的反响。一些天文学家对此持有异议，我国紫金山天文台刘炎认为，这个结论过于武断了。他认为，月球形成的年代是否早于地球至今尚无定论，而且即使我们承认月球的"年岁"高于地球，也不能就由

此推论月球不是地球的卫星了。因为关于卫星和中心行星的"年岁"是一种历史上的月地关系，而月球是否是地球的卫星，却是一个卫星的概念和定义的问题，是一种现实的月地关系。月球的质量虽大，但还是在其作为地球卫星所应有质量的合理范围之内；而月球相伴地球"对转"、地球轨道"波浪形"起伏，也完全符合力学规律，月球在它漫长的演化史上很可能曾经是一颗行星，但它现在确确实实是一颗卫星。

正像科学家所说的那样，宇宙间只有未被认识的事物，而绝没有不可认识的事物。随着人们在实践中认识的不断深化，月球是怎样产生的，月球是行星还是卫星这些问题，一定会弄清楚的。

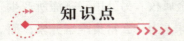
知识点

乔治·达尔文

乔治·达尔文（1845—1912），英国天文学家，伟大的生物学家查理·达尔文的次子。1868年毕业于剑桥大学。自1873年起在该校任教，1883年晋升为天文学和自然哲学教授。1879年被选为英国皇家学会会员。1899年任英国皇家天文学会会长。

乔治·达尔文是第一个对天体演化问题和地质问题采用动力学分析的科学家。通过对液态物质旋转平衡状态的观察和对周期轨道的研究，详细探讨太阳系、地—月系和双星系的起源和演化问题。研究旋转的任何椭圆体的潮汐摩擦对双星系演化影响。1879年提出月球起源的"共振理论"。

延伸阅读

古人观月与《历法》

我国古时将月亮称为太阴。因此根据月相圆缺变化的周期（即朔望月）

制定的历法称为阴历。月亮很早就被人们引用于社会生活中了。而更长的计时单位——年，则是以太阳的视运动周期，即根据地球围绕太阳的运转周期（回归年）来确定的，以此制定的历法称为阳历。无论是古中国或是其他文明古国，都测出年长约 365.25 日。我国古六历（黄帝历、颛顼历、夏历、殷历、周历、鲁历）又称四分历，就是因为有这个 1/4 日的缘故。

月份长以太阴的运动为标准，年长以太阳的视运动为标准，这种历法就是"阴阳合历"。除古埃及使用太阳历外，其他文明古国都用阴阳历。中国历史上记载的最早的成文历法是春秋末年的四分历，它是当时世界上最先进的历法。四分历确定 1 年的长度为 365.25 日，每 19 年设置 7 个闰年，这是当时世界上采用的最为精确的数值。我们现在使用的农历就是这种阴阳历。

对地—月距离的最早测量

伊巴谷，约公元前 190 年出生于小亚细亚（今土耳其），约卒于公元前 120 年。这位古希腊天文学家发明了许多用肉眼观察天象的仪器，测定了月亮视差，是三角学的奠基人，发现了太阳在天空中的运行路径；提出通过月食测定太阳—地球—月球系统的相对大小。

通过观测室女座中的角宿一，伊巴谷发现了分点的岁差（恒星经过几世纪造成的位移）。他也将太阳年的计算精确到实际长度的 7 分钟之内，并估算出太阳和月亮到地球的距离。在他去世后的几个世纪中，他的研究成果都未遇到挑战。

伊巴谷一生的大部分时间都在罗得岛度过，并终老于该岛。他长期在罗得岛上进行天文观测，编制出了约含 850 颗恒星的星表。这么多星星怎么区分呢？伊巴谷按照亮度将恒星划分为 6 等，最亮的 20 颗星是 1 等星，而 6 等星指那些刚刚能为肉眼看见的恒星。这种分类方法一直被后人所借鉴。

为了更准确地观测天体，伊巴谷制作了许多仪器。由于他的大部分著作都已失传，他的成就只能从他人的著作中得到了解。人们描绘伊巴谷发明了一种"瞄准器"，一根约 2 米长的木杆上，有沟槽可容一个挡板在其中滑动，在木杆的一端竖立一块有小孔的板，人眼从小孔中观察星体，同时滑动挡板，使它刚好遮住目标。根据挡板与小孔之间的距离及挡板的宽度，就可以算出被测物体的相对大小，或星空中两点的视距离。他还发明了一种星盘，可以测天体的方位和高度。人们还传说他制作过一个天球仪，刻在上面的恒星数目比他列在星表上的还多。

观测中的伊巴谷

伊巴谷认为通过观测日食可以测定地—月距离，但需要两个地点的观测数据。在土耳其附近，人们看到了日全食；而在经度接近而纬度不同的亚历山大城，只能看到日偏食，月球最大遮住了太阳的4/5。由此，他推算出了月球的视差，他也将太阳光处理为平行照射到地球上。他的计算结果是，月球直径是地球的1/3，月地距离是地球半径的60.5倍。第一个数据偏大了一点，对于第二个数据，按照现在的测量结果，月地距离是地球半径的60.34倍。由于埃拉托色尼已经给出了地球半径的数据，于是伊巴谷

得到了月地距离的真实数据。让我们替伊巴谷算一下：38 400×60.5/（2×3.14）千米＝37万千米。现代的月地距离数据是38万千米。

伊巴谷的太阳数据误差较大，主要还是受阿里斯塔克的数据影响。伊巴谷算出的太阳直径是地球直径的12倍多，而实际太阳直径超出地球达100倍之多；他的日地距离是地球半径的2 500倍，而实际是2万多倍。

伊巴谷被公认是古希腊最伟大的天文学家，不过当时天文学家对宇宙结构的看法现在看来是错误的。古希腊的天文学家想当然地认为，圆形是最完美的图形，所以天体的运动轨道必定是圆形的，而且运动速度是匀速的。按照当时普遍的说法，地球是宇宙的中心，那么地球就是所有天体圆形轨道的圆心。然而实际观察时，人们发现行星运动时快时慢，还有逆行开"倒车"的现象。为了解释这些现象，伊巴谷综合前人的成果，认为地球并不在圆心位置，而是在圆心附近，稍稍偏离了圆心。因此从地球上看过去，行星的速度会时快时慢；他还认为行星本身先沿着一个小圆轨道转动，这个小圆的圆心再围绕着地

球附近的大圆圈转动，这就解释了为什么行星有时会发生逆行。

知识点

恒　星

　　恒星是由炽热气体组成的，是能自己发光的球状或类球状天体。由于恒星离我们太远，不借助于特殊工具和方法，很难发现它们在天上的位置变化，因此古代人把它们认为是固定不动的星体。我们所处的太阳系的主星太阳就是一颗恒星。借助于望远镜，则可以看到几十万乃至几百万颗以上。估计银河系中的恒星大约有 1 500 亿～2 000 亿颗。

　　与在地面实验室进行光谱分析一样，我们对恒星的光谱也可以进行分析，借以确定恒星大气中形成各种谱线的元素的含量。多年来的实测结果表明，正常恒星大气的化学组成与太阳大气差不多。按质量计算，氢最多，氦次之，其余按含量依次大致是氧、碳、氮、氖、硅、镁、铁、硫等。

延伸阅读

哥白尼与日心说

　　哥白尼（1473—1543）是波兰的天文学家。他上中学时就对天文学很感兴趣，曾跟着老师在教堂的塔顶上观察星空。他相信研究天文学只有两件法宝：数学和观测。他不辞劳苦，克服困难，每天坚持观测天象，三十年如一日，终于取得了可靠的数据，提出了"日心说"，并在临终前终于出版了他的不朽著作《天体运行论》。哥白尼提出的日心说，推翻了长期以来居于宗教统治地位的"地心说"，实现了天文学的根本变革。

　　"日心说"的基本观点是：①地球是球形的。如果在船桅顶放一个光源，当船驶离海岸时，岸上的人们会看见亮光逐渐降低，直至消失。②地球在运动，并且 24 小时自转一周。因为天空比大地大很多，如果无限大的天穹在旋转而地球不动，实在是不可想象。③太阳是不动的，而且在太阳系中心，地球以及其他行星都一起围绕太阳做圆周运动，只有月球环绕地球运行。

揭开月球的面纱

月球的结构与颜色是怎样的

月球的年龄大约有 46 亿年。从月震波的传播，人们了解到月球也有壳、幔、核等分层结构。最外层的月壳厚 60～65 千米。月壳下面到 1 000 千米深度是月幔，占了月球大部分体积。月幔下面是月核。月核的温度约 1 000℃，很可能是熔融的，据推测大概是由 Fe-Ni-S 和榴辉岩物质构成。同地球一样，月球的表面也覆盖着一层薄薄的土层，科学家称为月壤。通过对月壤的取样分析和研究发现：月壤是由角砾、沙、尘土构成。同时月面上的大部分地区还分布有一层厚度不一的月尘和岩屑。

月亮看起来的颜色与它反射的太阳光穿透地球大气的情况有关。冬天时，月亮在天空中的位置比较高，它的光几乎直射地面，看起来它是白色或银色的。夏天时，月亮在离地平线不太高的天空部位穿越而过，它的光芒要穿过比较厚的大气层，才能到达地面，看起来它就是黄色或者橙色的。

"阿波罗"11 号飞船的奥尔德林，是踏上月面的第二位宇航员。根据他近距离的实地观察，他认为月球的颜色是"略呈灰暗的可可豆色"，或者是"带很少一点灰色"。

揭开月球的面纱

月球本身并不发光，只反射太阳光。月球亮度随日、月间距离和地、月间距离的改变而变化，平均亮度为太阳亮度的 1/465 000，亮度变化幅度从 1/630 000 至 1/375 000。它给大地的照度平均为 0.22 勒克斯，相当于 100 瓦电灯在距离 21 米处的照度。月面不是一个良好的反光体，它的平均反照率只有 7%，其余 93% 均被月球吸收。月海的反照率更低，约为 6%。月面高地和环形山的反照率为 17%，看上去山地比月海明亮。月球的亮度随时变化，满月时的亮度比上下弦时要大 10 多倍。

月球的密度是多少

在人类登上月球之前，科学家们已经知道，"月球的密度大约是地球密度的一半（这里指的是平均密度）"。实际的月球密度约为地球密度的 6/10，也就是说同体积的地球土壤要比同体积的月球"土壤"约重一倍。这使科学家们感到十分困惑，这种差别究竟是如何造成的呢？

以哈洛德·尤里博士为首的几位科学家认为，月球的平均密度较小也许是由于"重心"空虚所致。威尔金斯博士则猜测是月球部分中空造成了这一现象。在《我们的月球》一书中，这位英国天文学家这样说明了他得出上述结论的来龙去脉："月球上可能存在着许多自然的空洞和洞穴，它们往往很大。然而，如果月球是以花岗岩同样的过程形成的，那么就不能认为它内部居然会形成体积达 7720 万立方千米的空洞。""在月面下 32 至 48 千米深的地方，应当多少有一些空洞。在我们无法见到的月球深处存在着洞窟和裂隙，它们通向月面的裂缝和洞孔——我确信这一点。"

所有科学家，至少是所有天文学家都一致认为，当月球内部是空洞被确实证明时，他们便承认月球本身就是一艘宇宙飞船。所有对月球之谜的推敲都得出结论说，月球内部的空洞不应是自然形成的。

美国康奈尔大学的态度保守的卡尔·萨根博士也赞成这种意见。卡尔·萨根博士与前苏联科学院的天体物理学家约瑟夫·希克罗夫斯基合著了《月面的智慧生物》一书，于 1960 年首次出版。约瑟夫·希克罗夫斯基当时提出，火星的卫星内部存在空洞，有可能建有"空洞基地"。在这本书中卡尔·萨根博士说："自然形成的卫星不应当存在内部空洞。"其他科学家一般也认为，月球如果中空的话，就应当是人工所成。绕来绕去总要回到瓦欣和谢尔巴科夫的假说上。这两位前苏联科学家经过多年研究得出的结论认为，月球内部有可能是空洞。他们假定："如果什么人要发射人造卫星的话，就会将人造卫星制成中空的，与此相仿，在月球宇宙飞船内部肯定贮存着供发动机使用的燃料。"

瓦欣和谢尔巴科夫推测月球内部是一个空洞，列举了月球密度的证据：月球的密度为 3.33 克/立方厘米，而地球密度是 5.5 克/立方厘米，相差悬殊。月球内部的空洞造成了这种现象。他们两人得出结论说，月球的直径达 3476 千米，个头如此之大而密度如此之小，由此可认为月球有一个较薄的壳体。

月球上存在生命吗

据现代科学证实，月球上没有空气，没有任何形态的水，而且在月球上声音是无法传播的，更谈不上有风、雪、雨、云等天气的变化。月球表面的昼夜温度差异极大，在白天，有阳光直射的地方，温度可以高达 127℃；而到了夜晚，有的地方温度甚至可降到零下 183℃，当然也就没有生命现象的存在。可是，这方面也并不是没有分歧意见的。从月球上取得的采样岩层经科学鉴定已经发现有甲烷、乙烷、乙烯、乙炔、碳氢化合物以及各种氨基酸和核酸等有机化合物。

在某些环形山中间，曾发现过颜色变化。一些科学家认为，这是由于在月球白天的高温下，那里生长着某种类型植物的缘故。如果这种植物存在的话，就可以作这样的推测：在极度寒冷的月球之夜，它们处于冰冻的状态，而当太阳重新照耀它们时，它们重又获得生命。这种周期性的生命复苏现象，可以与地球上的树木相比拟。树木的生命不也是在冬季似乎停止了，而到了春季就生长叶子和开花吗？

有位天文学家还说自己看见了月球上似乎有什么东西在移动的迹象，至少有一座环形山是如此。他认为这是以月球植物为食物的成群昆虫。

最早被送去月球进行考察的宇航员们都被指派这样的任务：寻找最原始的直到已隐蔽在表层以下的各种形式的生命。

月球上有昼夜吗

地球每 24 小时绕轴自转一周，因此，平均说起来，地球上的白天和黑夜各 12 小时。月球绕地球公转的周期为 27.3 地球日，在此期间，它也刚好绕轴自转一周。这么说来，1 个月球日约相当于 14 个地球日，1 个月球夜的长短也是这样。

显而易见的是，总是有半个月球老是被太阳照亮着，这跟地球的情况是一样的，所以，半个月球是白天时，另外半个月球是黑夜。

由于月球上没有大气，再加上月面物质的热容量和导热率又很低，因而月球表面昼夜的温差很大。月球上的白天时，月面完全暴露在强烈的太阳光下，表面温度可以达到127℃以上，比地球上水的沸点还高；月球的夜晚，温度可降低到−183℃。这些数值只表示月球表面的温度。用射电观测可以测定月面土壤中的温度，这种测量表明，月面土壤中较深处的温度很少变化，这正是由于月面物质导热率低造成的。

由于月球上没有大气，热量既不会被吸收，也不会向四周传递开去，因此，即使是在阳光照耀下的一大块岩石，其背着太阳的阴影部分的温度，如同在黑夜里一样。换句话说，如果你在月球上选择那么一个地方，使你的右脚在太阳光的照耀下，而你的左脚在阴影里，那么，你的右脚就会被烤到127℃，而左脚则被冻到−183℃。不必为宇航员们担心，他们穿着的宇航服有28层厚，可以防护外界的极热和极冷对身体的影响。

月球有磁场吗

早期的月球专家表示，月球的磁场很弱或根本没有磁场，而月岩的样品显示它们被很强的磁场磁化了。这对NASA的科学家们又是一次冲击，因为他们以前总是假设月岩是没有磁性的。这些科学家无法解释这些强磁场的成因。

在对美国阿波罗号宇航员从月球上带回的岩石的研究中，科学家们发现，月球周围的磁场强度不及地球磁场强度的1/1 000，月球几乎不存在磁场。但是，研究表明，月球曾经有过磁场，后来消失了。

月球磁场从其诞生之后的5亿～10亿年开始，直至36亿～39亿年期间，是有磁场的。但是，当它出现了6亿～9亿年之后，磁场却突然消失了。地球的磁场起源于地球内部的地核。科学家认为，地核分为内核和外核，内核是固态的，外核是液态的。它的黏滞系数很小，能够迅速流动，产生感应电流，从而产生磁场。也就是说，所有的行星其磁场都是通过感应电流作用才产

月球岩石

生的。

对月球表面岩石的分析结果显示，月球不存在可以产生感应电流作用的内核。相反，所有的证据表明，月球的表面是一个已经熔解的外壳，是由流动的熔岩流体形成的"海"，后来因冷却变成了现在这副模样。最初，几乎所有的天文学者都以为人类在月球上找到了海，其实月球上发暗的部分，正是熔岩流体冷却形成的。那么，磁场到底是从哪里产生的呢？美国加利福尼亚大学地球行星系的思德克曼教授率领的物理学专家组针对这一专题进行了三维模拟试验。经试验，他们终于得出了结论。据该小组介绍：体轻且流动的岩石，形成了熔岩的"海洋"，它们在从下面漂向月球表面的时候，在其表面之下残留了大量的类似钍和铀一样的重放射性元素。这些元素在裂变时放出大量的热，这些热量就像电热毯一样，加热了月球的内核。被加热的物质与月球的表面形成对流，从而产生了感应电流作用。此时，也就产生了月球磁场。但是，当放射性元素裂变超越一定时点时，对流现象中止，于是感应电流作用也随之消失。正是由于这样的变化，才最终导致月球磁场的消失。

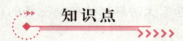 知识点

火星

　　火星是太阳系由内往外数的第四颗行星，属于类地行星，直径为地球的一半，自转轴倾角、自转周期相近，公转一周则花两倍时间。在西方称为战神玛尔斯，中国则称为"荧惑"。橘红色外表是因为地表的赤铁矿（氧化铁）。火星基本上是沙漠行星，地表沙丘、砾石遍布，没有稳定的液态水体。二氧化碳为主的大气既稀薄又寒冷，沙尘悬浮其中，每年常有尘暴发生。火星两极皆有水冰与干冰组成的极冠，会随着季节消长。火星大气密度只有地球的1%，非常干燥，温度低，表面平均温度−55℃，水和二氧化碳易冻结，部分地球生物可以生存。

《火星人玩转地球》

电影《火星人玩转地球》是华纳兄弟娱乐公司于 1996 年拍摄的一部科幻片，以浓郁的科幻气息和内蕴的反讽意味赢得了众多观众的青睐。该片可谓明星荟萃，杰克·尼科尔森、皮尔斯·布鲁斯南、安妮特·贝宁、格伦·克洛斯、莎拉·杰西卡·帕克、娜塔丽·波特曼等联袂登场，共同为观众演绎了这个富有反讽意味的荒诞故事。故事讲述了由于翻译错误，天真的地球人竟把入侵的外星人当作和平使者款待，结果遭杀身之祸、灭顶之灾。凶残的火星人最终免不了恶报，消灭他们的敌人不是坦克，也不是核弹，更不是金钱亦不是科技，而是一首纯真的老歌及一颗互相帮助的心。

复杂的月球运动

月球每天东升西落的运动是地球自转的反映。月球本身还在恒星间自西向东运动，这种运动是月球围绕地球公转的反映。如果在几小时内连续观察月球相对于某一亮星的相对位置，就会觉察出月球不断地向东移动：每小时大约移动半度，每天移动 13°。经过 27.321 7 天，即 27 日 7 时 43 分 12 秒，完成一次周期运动。

由于太阳的引力作用，月球的轨道在不断变化，黄道与白道的交点不断地沿黄道向西（和月球公转方向相反）移动，每年约 19°4′。经过

月球绕地轨道

18.6 年，交点沿黄道运行一周，所以月球每次公转都沿着新的途径。此外，月球轨道的偏心率、月球轨道拱线也在变化。月球在轨道上各点还有大小不同的加速度和减速度。所以，月球的运动是非常复杂的。

从地球眺望月亮，似乎觉得月球并没有自转，因为它总是以同一面向着地球的，因为总是看到同样的斑点，即"吴刚砍伐桂树"。其实这一点正说明月球在自转，其自转周期恰好与它的公转周期相等：假设月亮公转与自转相等，当月球经过它的轨道的 1/4 时，它本身也自转了 90° 的弧，此时月球上的斑点恰好正对着地球了；反之，倘若月球不自转，那么从地球上看月亮的斑点，它将每月转动一周，就不会总是看到月球上同样的斑点。

月球绕地球旋转叫月球的公转。月球的运动是自西向东的，它的轨道同所有天体的轨道一样也是椭圆形的，距地球最近的一点叫近地点，而离地球最远的那一点叫远地点。这个轨道平面在天球上截得的大圆称"白道"。白道平面不重合于天赤道，也不平行于黄道面，而且空间位置不断变化。周期 173 日。月球轨道（白道）对地球轨道（黄道）的平均倾角为 5°09'。

月亮向西运动的证据是它每次西沉的时刻平均要推迟 49 分钟，若相对恒星来说，它的运动周期约 27.3 天，但与此同时，地球本身也在绕日的轨道上前进了一段距离，因此月亮要完成它的一个相位周期，即从新月开始经满月又回到新月就应再增 2 天多，共计约 29.53 天。因此，相对于背景星空，月球围绕地球运行（月球公转）一周所需时间，即月亮的恒星运动周期约 27.3 天，称为一个恒星月；而新月与下一个新月（或两个相同月相之间）所需的时间，即相对日地连线的运动周期约 29~53 天，称为一个朔望月；朔望月便是月份的依据。

月球约一个农历月绕地球运行一周，而每小时相对背景星空移动半度，即与月面的视直径相若。与其他卫星不同，月球的轨道平面较接近黄道面，而不是在地球的赤道面附近。

很多人不明白，为什么月球轨道倾角和月球自转轴倾角的数值会有这么大的变化。其实，轨道倾角是相对于中心天体（即地球）而言的，而自转轴倾角则相对于卫星。

月球的轨道平面（白道面）与黄道面（地球的公转轨道平面）保持着 5.145 396° 的夹角，而月球自转轴则与黄道面的法线成 1.542 4° 的夹角。因为地球并非完美球形，而是在赤道较为隆起，因此白道面在不断进动（即与黄道的交点在顺时针转动），每 6 793.5 天（18.596 6 年）完成一周。期间，白道面相对于地球赤道面（地球赤道面以 23.45°倾斜于黄道面）的夹角会由 28.60°（即 23.45° + 5.15°）至 18.30°（即 23.45° – 5.15°）之间变化。同样地，月球自转轴与白道面的夹角亦会介乎 6.69°（即 5.15° + 1.54°）及 3.60°（即 5.15° – 1.54°）。月球轨道这些变化又会反过来影响地球自转轴的倾角，使它出现 ±0.002 56°的摆动，称为章动。

白道面与黄道面的两个交点称为月交点——其中升交点（北点）指月球通过该点往黄道面以北；降交点（南点）则指月球通过该点往黄道以南。当新月刚好在月交点上时，便会发生日食；而当满月刚好在月交点上时，便会发生月食。

知识点

黄道与白道

黄道是地球绕太阳公转的轨道平面与天球相交的大圆。由于地球的公转运动受到其他行星和月球等天体的引力作用，黄道面在空间的位置产生不规则的连续变化。但在变化过程中，瞬时轨道平面总是通过太阳中心。这种变化可以用一种很缓慢的长期运动再叠加一些短周期变化来表示。

白道是月球绕地球瞬时轨道面与天球相交的大圆。白道与黄道的交角在 4°57′ ~ 5°19′之间变化，平均值约为 5°09′，变化周期约为 173 天。由于太阳对月球的引力，两个交点的连线沿黄道与月球运行的相反方向向西移动，这种现象称为交点退行。交点每年移动 19°21′，约 18.6 年完成一周。这一现象对地球的章动和潮汐起重要影响。

延伸阅读

关于人造地球卫星

人造地球卫星，简称"人造卫星"。是用运载火箭发射到高空并使其沿着一定轨道环绕地球运行的宇宙飞行器。人造地球卫星用途广、种类繁多，有太空"信使"通信卫星、太空"遥感器"地球资源卫星、太空"气象站"气象卫星、太空"向导"导航卫星、太空"间谍"侦察卫星、太空"广播员"广播卫星、太空"测绘员"测地卫星、太空"千里眼"天文卫星等，组成一个庞大的"卫星世家"。

　　人造地球卫星具有对地球进行全方位观测的能力，其最大特点是居高临下，俯视面大。一颗运行在赤道上空轨道的卫星可以覆盖地球表面 1.63 亿平方千米的面积，比一架 8 000 米高空侦察机所覆盖的面积多 5 600 多倍。因此，对完成通信、侦察、导航等任务来说，它具有其他手段无法比拟的优势。

地球"牵着"月球转

　　把一个重物缚在线上，拿着线，让重物绕着你的头转，它划出个圆圈。原因很简单，同时有两个方向相反的力作用在这个重物上，一种叫做切向速度的力总是想让重物沿直线飞出去，如果你把线放开，它就会真的那样，可是你手中拿着的线又把它拉了回来，结果是，重物沿着圆周运动。由于类似的原因，月球沿着圆周围绕地球运行。切向速度时刻想使月球沿直线飞离地球，速度为每小时 3 600 多千米。可是，地球引力也起着类似绳子那样的作用，它把月球拉向地球。于是，月球就这样周而复始地绕着地球转圈子。

　　载着宇航员的空间飞行器之所以能够留在环绕地球运行的轨道上，也是这个道理。如果宇航员想使飞船返回地球，他只要启动一个制动火箭，使飞船的轨道速度变慢，从而破坏了力的平稳，飞船于是就返回到地球大气层里来。那么月球永远能留在绕地球的轨道上吗？

　　我们在前面讲过，潮汐摩擦对于地球自转起着制动的作用，使得自转变慢，一天的时间变长，大约每个世纪长 1/1 000 秒。看来，这种变化是微乎其微的，似乎根本不必去考虑。可是，经过以亿万年计的日积月累之

月球绕着地球转

后，它最终会影响到月球的命运，成为月球破裂、崩溃而趋于毁灭的原因。

当地球和月球处于液态的历史阶段期间，潮汐摩擦对于这两个天体来说，都曾起过作用，正像现在对海水起的作用一样；对月球所起作用的结果是使它绕轴自转周期变得刚好与它绕地球公转的周期一模一样。

现在，由于地球自转速度每 100 年变慢 1/1 000 秒，月球轨道就相应而缓慢地变得越来越大，带来的结果是月球离地球越来越远，一个月的时间也越来越长。

潮汐摩擦所带来的变化，过去、现在和将来都在缓慢地进行着。原先，地球自转一周或者说一个地球日还不到 5 个小时，逐渐延长到了现在的 24 小时；一个月的长短过去与原先的地球日一样，现在则已经加长到约 28 天。

经过计算，天文学家们认为地球自转变慢到一个地球日和一个月都是现在的 55 倍时，地球将老是以同一面对着月球，正像现在月球一直以同一面对着地球。在那非常遥远的将来，如果海洋还存在着的话，如果海洋里还存在着海水的话，那么，在月球下面的海洋里将永远是高潮，月球也就不会再产生潮汐摩擦了。月球和地球将被固定在围绕两者公共重心的轨道上。地球日的长度为现在的 55 倍时，就不再继续变长。

之后，月球与地球之间的关系将反过来。地球的自转将又一次加快，而月球则变慢，于是，月球将一步一步地接近地球。这个过程将一直继续到月球最后离地球如此之近，而在地球潮汐力作用下被碾碎。被粉碎了的月球物质并不会落到地球上来，而像土星环那样，会聚在地球周围形成若干条环。

请注意，我们这里所说的关于地球和月球的"奇"事，在未来的数十亿年之内是不会发生的。

知识点

潮汐摩擦

潮汐摩擦是天体发生潮汐形变时，天体物质因黏性或摩擦而产生的能量耗散现象。海潮运动中海水与地球固体表面以及海水质点间发生的摩擦现象。

潮汐是海水在月亮和太阳的引力影响下，加上地球自转的离心力，产生有规律的上涨和下落现象。潮汐摩擦对地球运动有重要影响，它使地球自转变慢，而地球损失的动能大部分则以热能的形式放射到太空。

延伸阅读

月球的天平动

天平动是一个很奇妙的现象，由于天平动的现象，使我们看到的月面不只是一半，而是整个月面的59%，即整个月面的3/5。月球在围绕地球公转过程中，朝向我们的月面呈现出一种左右、上下的摆动。月球围绕地球的轨道为同步轨道，所谓的同步自转并非严格。由于月球轨道为椭圆形，在近地点运动快，在远地点运动慢。当月球处于近地点时，它的自转速度便追不上公转速度，因此我们可见月面东部达东经98°的地区；相反，当月球处于远地点时，自转速度比公转速度快，因此我们可见月面西部达西经98°的地区。月球公转速度的这种变化就会使地球上的观察者有时看见月面西边缘之外的一小部分，有时能看见月面东边缘之外的一小部分，这是经度天平动。月球的自转轴不和公转轨道垂直，而是成83°21'的倾角。在月球公转过程中，月球自转轴的北端和南端轮流朝向地球，这也会使地球上的观察者有时能直接看到月球北极之外的一小部分，有时又能看到月球南极之外的一小部分，这是纬度天平动。

月 相

随着月亮每天在星空中自西向东移动一大段距离，它的形状也在不断地变化着，这就是月亮位相变化，叫做月相。"人有悲欢离合，月有阴晴圆缺"，这里的圆缺就是指"月相变化"：在地球上所看到的月球被日光照亮部分的不同形象。月相是天文学中对于地球上看到的月球被太阳照明部分的称呼。

月球环绕地球旋转时，地球、月球、太阳之间的相对位置不断地变化，并且在一个月中有规律地变动。地球上的人所看到的、被太阳光照亮的月球部分的形状也有规律地变化，从而产生了月相的变化。另一个原因是月球的表面是由岩石和尘土构成的，它和地球一样自己不会发光，因此我们看到的月亮相位是月亮反射阳光的部分，其阴影部分是月球自己的阴暗面。

自新月开始，相位在一个太阴月内的变化次序是：新月、上弦、望、下弦。在太阴月内，自新月算起的时间长度叫月龄，如望的月龄为 14 天等。在新月的前后从地球看到的月亮日照面呈蛾眉状，上弦时可见到半幅月轮，而望的前后，月亮的日照部分呈凸圆状。上弦月与下弦月不同，因为上弦时从地球上看到的是其月轮的西半幅，而下弦时见到的则是它的东半幅。

月相变化周期，即从朔（望）到朔（望）的时间间隔叫做朔望月。朔望月比恒星月长，平均为 29.530 6 天，即 29 日 12 时 44 分 3 秒。我国农历中的月份就是根据朔望月定的。每个月的朔为农历月的初一，望为十五或十六。现在我们过的春节、端午、重阳和中秋等节日都是根据农历确定的节日。

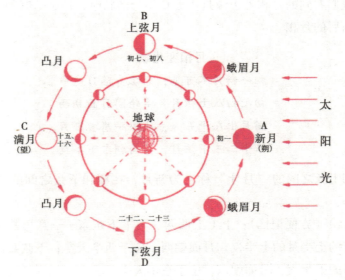

月相成因示意图

月相是以日月黄经差度数（以下的度数就是日月黄经差值）来计算的，共划分为8种：

新月（农历初一日，即朔日）：0°；

上蛾眉月（一般为农历的初二夜左右至初七日左右）：0°~90°；

上弦月（农历初八左右）：90°；

渐盈凸月（农历初九左右至十四左右）：90°~180°；

满月（望日，农历十五日夜或十六日左右）：180°；

渐亏凸月（农历十六左右至二十三左右）：180°~270°；

下弦月（农历二十三左右）：270°；

残月（农历二十四左右至月末）：270°~360°；

另外，农历月最后一天称为晦日，即不见月亮。

以上有4种为主要月相：新月（农历初一日），上弦（农历初八左右），满月（农历十五日左右），下弦（农历二十三左右），它们都有明确的发生时刻，是经过精密的轨道计算得出的。

假设满月是一个圆形，那么无论月相如何变化，它的上下两个顶点的连线都一定是这个圆形的直径（月食的时候月相是不规则的）。当我们看到的月相外边缘是接近反C字母形状时，那么这时的月相则是农历十五日以前的月相；相反，当我们看到的月相外边缘是接近C字母形状时，那么这时的月相则是农历十五日以后的月相。

月相变化歌

初一新月不可见，只缘身陷日地中。

初七初八上弦月，半轮圆月面朝西。

满月出在十五六，地球一肩挑日月。

二十二三下弦月，月面朝东下半夜。

在朔和上弦之间的"月牙"称之为新月，在望和下弦之间的"月牙"称之为残月。

一个口诀（方便记忆）：上上上西西、下下下东东——意思是：上弦月出现在农历月的上半月的上半夜，月面朝西，位于西半天空；下弦月出现在农历月的下半月的下半夜，月面朝东，位于东半天空。

知识点

农 历

　　农历，又称夏历、阴历、旧历，是东亚传统历法之一。因为这种历法相传创始于夏代，所以又称夏历。农历属于一种阴阳历，平均历月等于一个朔望月，但设置闰月以使平均历年为一个回归年，设置二十四节气以反映季节（太阳直射点的周年运动）的变化特征，所以又有阳历的成分。至今几乎全世界所有华人及朝鲜、韩国和越南及早期的日本等国家，仍使用农历来推算传统节日如春节、中秋节、端午节等节日。

　　农历的纪年用天干地支搭配，60年周而复始。年份分为平年和闰年。平年12个月；闰年12个普通月份加1个闰月，总共13个月。月份分为大月和小月，大月30天，小月29天。

延伸阅读

苏轼与月有关的词

　　《水调歌头·明月几时有》：明月几时有？把酒问青天。不知天上宫阙，今夕是何年。我欲乘风归去，又恐琼楼玉宇，高处不胜寒。起舞弄清影，何似在人间！/转朱阁，低绮户，照无眠。不应有恨，何事长向别时圆？人有悲欢离合，月有阴晴圆缺，此事古难全。但愿人长久，千里共婵娟。

　　《西江月·黄州中秋》：世事一场大梦，人生几度秋凉。夜来风叶已鸣廊，看取眉头鬓上。/酒贱常愁客少，月明多被云妨。中秋谁与共孤光？把盏凄然北望。

　　《西江月·照野弥弥浅浪》：照野弥弥浅浪，横空隐隐层霄。障泥未解玉骢骄，我欲醉眠芳草。/可惜一溪风月，莫教踏碎琼瑶。解鞍欹枕绿杨桥，杜

宇一声春晓。

《永遇乐·明月如霜》：明月如霜，好风如水，清景无限。曲港跳鱼，圆荷泻露，寂寞无人见。紞如三鼓，铿然一叶，黯黯梦云惊断。夜茫茫，重寻无处，觉来小园行遍。/天涯倦客，山中归路，望断故园心眼。燕子楼空，佳人何在？空锁楼中燕。古今如梦，何曾梦觉，但有旧欢新怨。异时对，黄楼夜景，为余浩叹。

月 食

好端端的一个圆圆的月亮，突然在一个角上出现了黑影，而且还在不断地扩大，扩大到一定的程度之后，有时甚至把整个月亮都遮住了。经过一段时间之后，黑影又一步步往外退，最后是黑影全部退出月面，月亮恢复原来的样子。这是一次月食的全部过程。

也曾有人把那个突然"光临"的黑影称为"野月亮"，平常我们看到的那个明亮的月亮就被称为"家月亮"，月食就被叫做"野月吃家月"。

在古代，人们不知道发生月食和日食的原因，对这种现象感到害怕。即使是在今天，在非洲的一些原始部落里，日食和月食仍旧引起人们很大的恐慌。航海家哥伦布于1504年进行第四次远航时，传说他曾因为知道即将发生月食，而救了自己和全体船员。

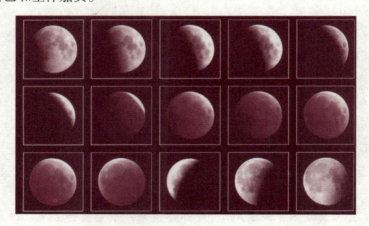

月 食

YUEQIU SHIFOUSHI RENLEI WEILAI DE JIAYUAN

当时，哥伦布的船队急需粮食等给养，如果弄不到即将被饿死。他请求当地的印第安人予以帮助，但遭到拒绝。他于是就吓唬他们，对他们的领袖说，上帝为此非常生气，将用饥荒来惩罚他们，并用把月亮从天空中移走作为即将惩罚他们的信号。

当月食果然像哥伦布所预告的那样发生的时候，印第安人惊慌失措到了极点。他们答应，如果哥伦布能说服上帝把月亮还给他们，就同意供应哥伦布所需要的粮食和其他一切给养。月食结束，月亮出来之后，印第安人履行了自己的诺言。

那么，月食究竟是怎样形成的呢？

举个例子来说，我们假定太阳位于餐厅内某圆桌的中央，地球则是在圆桌边上绕着它转，月球围绕地球运动的轨道与圆桌面斜交，形成的角约5°。这就是为什么并非每个满月时都会发生月食。地球是一个不能自己发光的天体，被太阳照亮的半个地球是白天，得不到太阳光的另外半个地球就是夜晚。在阳光的照耀下，物体后面都拖着一条影子，地球也不例外。尽管随着地球、太阳之间距离的变化，地影有长有短，但无论是在什么样的情况下，它永远是一条紧接在地球后面的巨大无比的"尾巴"。地球的这条影子尾巴平均长138万多千米，最短也不会短于136万千米，最长则可超过140万千米。月球一般都是从这条影子的上面或者下面走过去。要是满月时，月球也刚好是在地球的轨道平面内时，地球影子就会把月球遮住而发生月食。

也就是说，此时的太阳、地球、月球恰好（或几乎）在同一条直线，因此从太阳照射到月球的光线，会被地球所掩盖。

以地球而言，当月食发生的时候，太阳和月球的方向会相差180°，所以月食必定发生在"望"（即农历十五日前后）。要注意的是，由于太阳和月球在天空的轨道（称为黄道和白道）并不在同一个平面上，而是有约5°的交角，所以只有太阳和月球分别位于黄道和白道的两个交点附近时，才有机会连成一条直线，产生月食。

月食时总是月亮的东边缘首先进入地影，当月亮与地球本影第一次外切时，这标志着月食的开始，称为初亏；初亏之后月亮慢慢进入地球本影内，当月亮与地球本影第一次内切时标志月全食开始，此时称食既；当月亮圆面的中心与地球本影中心最接近的瞬间，称为食甚；食甚过后，月亮慢慢在地球本影内移动，当月亮与地球本影第二次内切时，标志着月全食的终结，称为生光；

生光之后，月亮逐渐离开地球本影，当月亮与地球本影第二次外切的瞬间，标志着月食整个过程的完结，称为复圆。所以，月全食也同样有 5 个阶段，即初亏、食既、食甚、生光、复圆；而月偏食则只有初亏、食甚和复圆 3 个阶段。

月食可分为月偏食、月全食及半影月食 3 种。当月球只有部分进入地球的本影时，就会出现月偏食；而当整个月球进入地球的本影之时，就会出现月全食。

至于半影月食，是指月球只是掠过地球的半影区，造成月面亮度极轻微的减弱，很难用肉眼看出差别，因此不为人们所注意。

月球直径约为 3 476 千米，地球的直径大约是月球的 4 倍。因为地球的本影锥很长（最短也有 136 万千米），这远比月亮和地球之间的最大距离还要大得多；在月球轨道处，地球的本影的直径仍相当于月球的 2.5 倍。所以发生月食时，地球和月亮的中心大致在同一条直线上，月亮就会完全进入地球的本影产生月全食，而永远不会进入地球本影锥尖外的伪本影中，就是说月食不会有月环食现象发生。而如果月球始终只有部分为地球本影遮住时，即只有部分月亮进入地球的本影，就发生月偏食。

天狗食月（手影）

太阳的直径比地球的直径大得多，地球的影子可以分为本影和半影。如果月球进入半影区域，太阳的光也可以被遮掩掉一些，这种现象在天文上称为半影月食。由于在半影区阳光仍十分强烈，月面的光度只是极轻微地减弱，多数情况下半影月食不容易用肉眼分辨。一般情况下，由于较不易为人发现，故不称为月食，所以月食只有月全食和月偏食两种。

每年发生月食数一般为两次，最多发生 3 次，有时一次也不发生。因为在一般情况下，月亮不是从地球本影的上方通过，就是在下方离去，很少穿过或部分通过地球本影，所以一般情况下就不会发生月食。

据观测资料统计，每世纪中半影月食、月偏食、月全食所发生的百分比约为 36.60%、34.46% 和 28.94%。

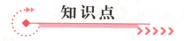

知识点

日　食

　　日食，又作日蚀，在月球运行至太阳与地球之间时发生。这时对地球上的部分地区来说，月球位于太阳前方，因此来自太阳的部分或全部光线被挡住，因此看起来好像是太阳的一部分或全部消失了。日食一般发生在农历的初一。日食分为日偏食、日全食、日环食。观测日食时不能直视太阳，否则会造成失明。

天狗食月

　　古时候，有一位娘娘，生性暴戾凶恶。有一次，她心血来潮，想出了一个坏主意：和尚念佛吃素，我要他们开荤吃狗肉。她吩咐做了 360 个狗肉馒头，说是素馒头，要到寺院去施斋。寺院方丈事先得到消息，就准备了 360 个素馒头。藏在每个和尚的袈裟袖子里。娘娘来施斋，发给每个和尚一个狗肉馒头。和尚在饭前念佛时，用袖子里的素馒头将狗肉馒头调换了一下，然后吃了下去。娘娘见和尚们个个吃了她的馒头，"嘿嘿"拍手大笑说："今日和尚开荤啦！和尚吃狗肉馒头啦！"

　　这事被天上玉帝知道后，十分震怒。将娘娘打下十八层地狱，变成一只恶狗，永世不得超生。

　　娘娘变成的恶狗，逃出地狱后，十分痛恨玉帝，于是窜到天庭去找玉帝算账。她在天上找不到玉帝，就去追赶太阳和月亮，想将它们吞吃了，让天上人间变成一片黑暗世界。她追到月亮，就将月亮一口吞下去；追到太阳，也将太阳一口吞下去。不过这条恶狗，最怕锣鼓、燃放爆竹，吓得恶狗把吞下的太阳、月亮又吐出来。恶狗不甘心又追赶上去，这样一次次就形成了天上的日蚀和月蚀。直到现在，每逢日食、月食时，不少城乡百姓还流传着敲锣击鼓、燃放爆竹来驱赶天狗的习俗。

月 震

如果说起地震，人们已经知道许多，譬如，地震的成因、地震的破坏性、几次著名的大地震，许多人还亲身感受过地震。

我们居住的行星具有坚固的大地，为什么会产生震动呢？一般说来，地震可分两大类：一类是自然因素引起的地震，全世界每年发生几百万次地震，其中90%以上属于这类构造地震：如地下岩石构造活动引起地震；火山活动引起地震，这类地震不多；局部地面陷落引起地震，这类地震很少；海岸或山坡崩塌也能引起地震；陨石撞击地面也会引起局部地震。譬如，1976年3月8日，大陨石落在我国吉林市北郊等处，就曾引起1.7级地震。上述这些属天然地震。另一类是人类的活动引起地震，如进行地下核爆炸或开山炸石等，这属于人工地震。

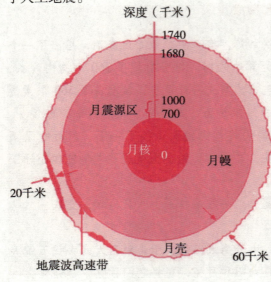

月震示意图

深藏在地球内部的物质活动非常剧烈，这种活动必然要影响地壳的活动。地震主要取决于地球自身的物质活动，同时还应看到，地球处在动态而且是多层次的太空环境之中，受到太阳、行星和月球等天体的影响。这种影响有引力的束缚、可见光的照射、粒子流的轰击和电磁场的扰动等，这些也是引发地震不可忽视的外部因素。

作为绕地球运动的卫星——月球，有没有月震呢？1969年以前，人们谈起月震来，还只是作为一件奇事来猜想，或进行科学推测而已。总之，那时谈月震确实还是一个初步探讨。

人类要想实现登月，必须确切掌握月面环境的状况。月球表面结构如何？月球内部活动怎样？有没有月震？月震的能量有多大？月震的频次有多少？这些问题直接涉及到人类能不能登月，能不能长期在月球上停留。因此，探索月震活动是实现人类登月考察的重要问题之一。

那么，什么是月震呢？恐怕知道月震的人不多，感受过月震的人肯定没有。然而，月震确实存在，并且人类已初步了解了它的一些规律。因此，科学家正在逐步揭开月震之谜。

发生在月球上的地震就叫月震。1969 年美国科学家乘"阿波罗"号飞船首次踏上了月球，在月球上架设了 5 台地震仪，能连续向地球发回月震记录资料，从此人类开始了月震观测与研究。

在人类到达月球之前，科学家们认为"月球是一个死寂的世界"，但是自从在月面设置了 5 台地震仪后他们才知道，月球是一个极其"活跃"的世界。月震发生在我们无法想象的月球深处，震源在月面下 800～1 600 千米处，这里离月球外壳已相当远了。

设在月面的地震仪曾多次记录到月震，科学家们把多数月震称为"微型月震"，根据月震记录，月球的活动和振动不仅多次反复发生而且有时强度还相当可观。莱萨姆博士解释说："当发生这种乱哄哄的微弱震动时，有时 2 小时发生一次，有时几天后才能平息下来。目前还不知道这种'成群'震动的震源在哪里。"

设在月面的地震仪还记录到 1～9 分钟内传来的高频振动，科学家们感到十分困惑，他们推测只能是月面的某一区域正发生移动，可是这种高频振动发生了多次且持续不断，科学家们的推测似乎并不对。直到今天成千次这种微震仍在发生，可以认为是一种自然现象，莱萨姆博士后来发现在这种振动中有一种独特的类型，它们发生在月球最接近地球的时候。他认为这是由于这时地球作用于月球引力增强，使月壳产生振动。

有意思的是，微型月震多发生在月面的裂隙上。所谓裂隙就是月面上延绵几百千米的窄而深的沟。不过有的科学家认为月面上并不存在什么裂隙。

莱萨姆博士指出，微型月震和月壳的振动现象与月球内部的热能并无直接关联，与其说是月面火山活动不如说是月壳的变动。这些微震中的大者也在里

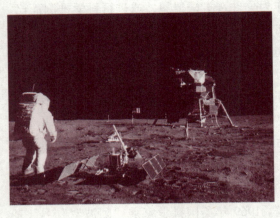

宇航员安装月震仪

氏震级 2 级以上，而且震源深度不到 0.8 千米。

1969 年 7 月，"阿波罗" 11 号飞船航天员登月后在月球静海西南角设置了检测月震的仪器之后，在月球着陆的几艘 "阿波罗" 飞船先后在风暴洋东南、弗拉—摩洛地区、亚平宁山区的哈德利峡谷、笛卡儿高地和澄海东南的金牛—利特罗峡谷放置了月震仪。月面上的 6 台月震仪组成了检测月震的网络，它可以记录月震发生的时间、位置、强度和震源深度。至 1977 年 8 年为止，月球上的月震仪共监测到 1 万多次月震活动。

月震有两大类：深层月震和浅层月震。

深层月震：月震发生于深度达 600 ~ 1 000 千米的月幔之中。

浅层月震：发生在月壳表层 0 ~ 200 千米之内，每年仅发生 1 ~ 5 次，产生于月壳的断裂带上。

那么月震发生的原因是什么呢？

科学家们通过长期的研究认为，太阳和地球的起潮力是引发月震的主要原因。此外，太阳系内的小天体（如陨石、彗星碎块）撞击月球时，也可以诱发较大的月震。比如 1972 年 7 月 17 日 21 时 50 分 50 秒，在月球背面靠近莫斯科海附近，一块重约 1 吨的巨大陨石撞击月球，产生了一次 3.5 ~ 4 级的月震。

月面结构直接裸露在太空环境中，太阳照射时会产生极高温，没有太阳时会变得极严寒，这样的温度突变会引起月面岩石的轻微震动。科学家称这种变化引起的震动为热月震。这种震动在地球上是没有的。

月震中也有人工月震。譬如，后来几次载人登月飞行时，宇航员进入返回地球的轨道，便把 2.4 吨重的登月舱上升段投向月球，它以每秒 1 680 米的速度撞击月面，形成相当于 6.8 吨 TNT 的爆炸力，造成人工月震。"阿波罗" 16 号宇航员在月面上考察时，投掷过一个爆炸金属管，还在月面上设置了一个枪榴弹筒。3 个月后，地面控制中心将它引爆。请你不要以为宇航员是在随心所欲地搞什么恶作剧，他们是在用人工月震测试月面和月壳的物理性质。

知识点

行 星

如何定义行星这一概念在天文学上一直是个备受争议的问题。国际天文学联合会大会 2006 年 8 月 24 日通过了"行星"的新定义，这一定义包括以下 3 点：①必须是围绕恒星运转的天体；②质量必须足够大，来克服固体应力以达到流体静力平衡的形状（近于球体）；③必须清除轨道附近区域，公转轨道范围内不能有比它更大的天体。

一般来说，行星的直径必须在 800 千米以上，质量必须在 5 亿亿吨以上。按照新定义，目前太阳系内有 8 颗行星，分别是：水星、金星、地球、火星、木星、土星、天王星、海王星。

延伸阅读

地 震

地震，是地球内部发生的急剧破裂产生的震波，在一定范围内引起地面振动的现象。地震就是地球表层的快速振动，在古代又称为地动。大地振动是地震最直观、最普遍的表现。在海底或滨海地区发生的强烈地震，能引起巨大的波浪，称为海啸。地震是极其频繁的，全球每年发生地震约 550 万次。地震常常造成严重人员伤亡，能引起火灾、水灾、有毒气体泄漏、细菌及放射性物质扩散，还可能造成海啸、滑坡、崩塌、地裂缝等次生灾害。

地震波发源的地方，叫做震源。震源在地面上的垂直投影，地面上离震源最近的一点称为震中。它是接受振动最早的部位。震中到震源的深度叫做震源深度。通常将震源深度小于 60 千米的叫浅源地震，深度在 60~300 千米的叫中源地震，深度大于 300 千米的叫深源地震。对于同样大小的地震，由于震源深度不一样，对地面造成的破坏程度也不一样。震源越浅，破坏力越大，但波及范围也越小，反之亦然。

月球上的奇异现象

神秘的红色斑点

天文学家们不止一次在月面上发现神秘的红色斑点，也是那个阿利斯塔克环形山，美国洛韦尔天文台的两位天文学家在观测和绘制它及其附近的月面图时，先后两次在这片地区发现了使他们惊讶的红色斑点。第一次是在 1963 年 10 月 29 日，一共发现了 3 个斑点：先是在阿利斯塔克以东约 65 千米处见到了一个椭圆形斑点，呈橙红色，长约 8 千米，宽约 2 千米。在它附近的一个小圆斑点清晰可见，直径约 2 千米。这两处斑点从暗到亮，再到完全消失，大约经历了 25 分钟的时间。第三个斑点是一条长约 17 千米、宽约 2 千米的淡红色条状斑纹，位于阿利斯塔克环形山东南边缘的里侧，出现和消失时间大体上比那两个斑点迟约 5 分钟。

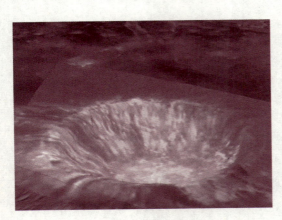
阿利斯塔克环形山合成彩图

第二次他们观测到奇异的红斑是在 1 个月之后的 11 月 27 日，也是在阿利斯塔克环形山附近，红斑长约 19 千米，宽约 2 千米，存在的时间长达 75 分钟。这次由于时间比较充裕，不仅有好几位洛韦尔天文台的同事都看到了红斑，还拍下了一些照片。为了证实所观测到的现象是确实存在的，他们还特地给另一个天文台打了电话，告诉那里的朋友们赶快观测月球上的异常现象，但故意没有说清楚是在月球上的什么地方。得到消息的天文台立即用口径 175 厘米的反射望远镜（那两位洛韦尔台的天文学家用的是口径 60 厘米折射望远镜）进行搜寻，很快就发现了目标。结果是，两处天文台观测到的红斑的位置完全一致，说明观测无误。红斑确实是存在于月面上的某种现象，而不是地球大气或其他因素造成的幻影。

这两次色彩异常现象都发生在阿利斯塔克环形山区域，而且都是在它开始被阳光照到之后不到两天的时间内。考虑到这些方面，有人认为月面上出现红色斑点的现象可能并不太罕见，只是不知道它们于什么时间、在什么地区出现，而且出现和存在的时间一般都不长，要观测到它们就不那么容易了，需要具备较大和合适的观测仪器，以及丰富的观测经验和技巧，同时认为这类现象可能与太阳及其活动有关。另一种意见则认为，这类变亮和发光现象经常发生，单是在阿利斯塔克环形山区域，有案可查的类似事件至少在 300 起以上，表明它们是由于月球内部的某种或某些长存原因引起而形成的。

1969 年 7 月，首次载入登月飞行的"阿波罗 11 号"宇宙飞船，在到达月球附近和环绕月球飞行时，曾经根据预定计划，对月面上最亮的这片阿利斯塔克环形山地区进行了观测。这座著名环形山的直径约 37 千米，山壁陡峭而结构复杂，底部粗糙而崎岖。飞船指令长阿姆斯特朗是从环形山的北面进行俯视的，他向地面指挥中心报告说："环形山附近某个地方显然比其周围地区要明亮得多，那里像是存在着某种荧光那样的东西。"遗憾的是，宇航员们没有对所观测到的现象作进一步的解释。

奇特的发光现象

月球表面既无大气，也无水分，没有风霜雪雨，没有江河湖海，更不要说鸟语花香的生命现象了。一句话，月球是个死寂的星球。

但是，这并不意味着月面上什么变化都没有发生过，月球表面有时突然出现某种发光现象，甚至还有颜色变化，它引起了天文学家们的兴趣和关注。

1958 年 11 月 3 日凌晨，前苏联科学家柯兹列夫在观测月球环形山的时候，发现阿尔芬斯环形山口内的中央峰，变得又暗又模糊，并发出一种从未见过的红光。两个多小时之后，他再次观测这片区域时，山峰发出白光，亮度比平常几乎增加了一倍，第二夜，阿尔芬斯环形山才恢复原先的面目。

柯兹列夫认为，他所观测到的是一次比较罕见的月球火山爆发现象。他说，阿尔芬斯环形山中央峰亮度增加的原因，在于从月球内部向外喷出了气体，至于开始时山峰发暗和呈现出红色，那是因为在气体的压力下，火山灰最先冲出了火山口。

柯兹列夫的观点遭到了一些人的反对，其中包括一些颇有名望的天文学家。他们承认阿尔芬斯环形山的异常现象是存在的；但认为不能解释为通常的火山爆发，而是月球局部地区有时发生的气体释放过程。在太阳光的照耀下，即使是冷气体也会表现出柯兹列夫所注意到的那些特征。

早在1955年，柯兹列夫就在另一座环形山——阿利斯塔克环形山口，发现过类似的异常发亮现象，他也曾怀疑那是火山喷发。1961年，柯兹列夫又在阿利斯塔克环形山中央观测到了他熟悉的异常现象，不同的是，光谱分析明确证实这次所溢出的气体是氢气。

1985年5月23日，希腊的一位学者正在调试自己口径为11厘米的折射望远镜。当时月球的月龄为4，也就是从月朔算起，大体上只过了4天的时间。在连续拍摄的7张月球照片中，有1张吸引了大家的注意，照片上出现了一个事先没有预料到的清晰的亮点。经过核查，亮点位于月球明暗界线附近的普洛克鲁斯C环形山地区。

对此，希腊学者提出了一个大胆的假设。他认为：由于月面没有大气，被太阳照亮的月面部分的温度，与没有太阳照亮部分的温度相差悬殊。当太阳从月面上某个地区日出时也就是从那些正好处在明暗界线附近的地区日出时，一下子从黑夜变为白天的那部分月面温度迅速升高，从零下100多摄氏度升到100多摄氏度。强烈而迅速的温度变化使得月球岩石胀裂开来，被封闭在岩石下面的气体突然冲到月面，迅速膨胀，产生了明亮而短暂的发光现象。

最近，美国的一位通讯工程师也提出了类似的看法。他曾检测过一些从月球上采集回来的月球岩石标本，发现岩石中含有像氦和氩之类的挥发性气体。他认为，月岩热破裂时释放出来的电子能，完全有可能把挥发性气体点燃，引起短暂的闪光现象。他还表示，他的设想并非毫无根据。据说，月球岩石在地面实验室里进行人工断裂时，确实曾放出过小火花。

过去也确实多次有人在月球明暗界线附近，发现过这类短暂的发光现象。但是，在得不到阳光的月球阴暗部分，也曾观测到过这种闪闪发光现象。

月球体内的"肿瘤"

在人类对月球的一系列发现中，有这么一种奇怪的现象：月球体内存在着不寻常的物质瘤，而且不止一个。月球也会生病吗？月球怎么会长瘤子呢？

这是什么类型的瘤子？就像医生通过仪器给人体检，发现病人体内有变异的肿块一样，科学家们已经确诊，月球体内有"肿瘤"。

月球体内的质量瘤不是科学家用什么仪器给月球体检发现的，而是根据月球对绕它运动的人造天体的引力变化推测出来的。1966 年 8 月至 1967 年 8 月，美国为人类登月积极做准备，先后共发射 5 个"月球轨道环行器"飞船。

它们航行到月球后，成为环绕月球运动的人造月球卫星，实现对月球近距离全面考察。

"环行器"飞船在环绕月球运动的过程中，有时发生莫名其妙的抖动和倾斜。这种令人担忧的不正常运动，引起宇航员的充分注意。他们偶尔发现，每当"环行器"飞船接近月面的环形月海时，便产生抖动和倾斜。飞船与月面最近时有40 多千米，难道这种奇怪的抖动真与月海有什么关系吗？月海表面非常平坦，它上面能有什么奇异的物质呢？这或许是什么巧合？科学家

"月球轨道环行器"飞船

们经过严密的思考和多次验证，判定这和环形月海下面的物质有关系，更进一步说，和环形月海的形成有密切关系。

科学家们肯定了这种对应关系以后，进一步思考的是：月海是怎样形成的呢？月海下面有什么奇特的物质吗？到底是什么力量引起飞船抖动呢？是什么波的干扰，还是什么光的作用？看来都不可能。最大的可能就是引力增强这个因素。接下来要继续思考的问题是：为什么这些月海产生引力增强呢？

很自然，月海下面应有高密度的异常物体。这种物体在月球体内就像"肿块"一样。因此，科学家们给这种物质起了一个形象化的名字，叫月球质量瘤。也有人称之为重力瘤或聚积物。

月球质量瘤是如何形成的呢？目前的看法也分内因说和外因说两个体系。

内因说认为，外来的陨石对月面撞击，诱发月球内部密度较大的熔岩流出。我们已经知道，月海是由密度为每立方厘米重 3.2 ~ 3.4 克的玄武岩组成。相比之下，月面高地主要由富含长石的岩石组成，它们的密度小于每立方厘米

2.9～3.1克。可见，填充月海的熔岩远比月面高地的岩石密度大。月球正面环形月海又多，从而显现出质量瘤与月海共生的局面。那么，为什么非环形月海没有与质量瘤共生的对应关系呢？持内因论的月质学家指出，这是因为环形月海流出的填充熔岩比非环形月海填充的熔岩厚很多。两者只有数量上的不同，没有本质上的区别。

主张外因论的月质学家则认为，环形月海都是由外来的陨石撞击月面形成的。这些小天体的密度比初始的月壳密度要大，因此砸入月面形成体内"肿瘤"。也就是说，质量瘤是外来天体的残余与月岩的混合物。诚然，这些依然只是假说，月球质量瘤还是一个未解之谜。

深藏在月球体内数十亿年的异物，没有逃出科学家们的慧眼。这项意外发现，对研究月球内部结构，探索月表结构的演化，特别是判别环形月海的形成都有直接帮助。对研究早期的太空环境，特别是地—月系空间环境更有重要意义。

月球上的各种怪现象

每天晚上，我们仰望天空，都可以看到明亮的月亮。但是，月亮上的种种未解之谜，有谁能解开呢？

（1）月球较地球更古老。令科学家惊讶的是，从月球带回的岩石，有99%比地球上90%的古老岩石还要古老。在月球宁静海采到的第一块岩石，至少有36亿年的历史，而地球上最古老的岩石，顶多不过是37亿年历史。而其他携回的月球岩石，已被测定有43亿、45亿甚至46亿年历史。这已相当于太阳系的历史了。在1973年的月球研讨会上，还有一块月球岩石被宣称有53亿年历史。最令人困惑的是，这些岩石竟然被科学家认为是来自月球上"最年轻"的部分。因此，一些月球研究专家就认为月球是远在太阳形成之前就已经存在了。

（2）土壤比岩石更久远。美国太空人首次登陆的"宁静海"，土壤年代竟比岩石久远。据分析，两者相差10亿年之久。此事看来不可思议，因为土壤一向被认为是由岩石演变而成的。然而由化学分析显示，月球上的土壤并非由岩石演变，可能是来自别的地方。

（3）受撞击时会发巨响。"太阳神"号在探月时，月球登陆艇和火箭返航时，都会撞到月球表面；但每次都会使月球像大铜锣或大钟一样地响起来。"阿波罗"12号探月时，月球的回声还持续了4小时。

（4）黑影区有稀有金属。在地球上看月球时，会看到有些黑影，仿佛月球上有人一样。太空人登陆到这个平原状的黑影区时，发现很难在它表面钻孔。经研究，这里的土壤样本中含稀有金属元素如钛（用之于超音速喷气机和太空船）以及锆、钇等等。科学家为此感到十分诧异，因为这些金属元素要在相当高的热度6 000℃以上才可熔化，并和周围的岩石混在一起。

（5）纯铁粒子不生锈。美国、前苏联两国分别从月球带回来的岩石样品中，都含有纯铁的粒子，科学家认为这些纯铁并非来自陨石。前苏联塔斯社宣布，这些纯铁粒子带回地球后，好几年都未生过锈。纯铁不生锈，在科学界还是头一次遭遇到的事。

（6）表面光滑如同镜子。从几次探险得知，月球表面不少地方光滑如镜，好像被什么不知来源的酷热"烫"过一样。专家分析说，这并非是由于巨大的陨石撞击造成的。有些科学家认为，太阳放出来的高热才是主要因素。

（7）外壳底部的浓缩物。1968年，太空探测带回来的资料显示，月球的外壳底下有大块的浓缩物，而且还有一股吸力，太空船飞过时禁不住要倾斜。科学家只知这些浓缩物是一种又密又重的物质，其余就一无所知了。

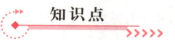

知识点

洛厄尔天文台

　　洛厄尔天文台是位于美国亚利桑那州旗杆镇的天文观测台。是由波士顿的望族洛厄尔家族的天文学家帕西瓦尔·洛厄尔建立的，是美国最老的天文台，因此在1965年被指定为美国国家历史名胜。最初，这个天文台只有一架迄今仍开放给民众使用的24英寸克拉克望远镜。

　　该天文台的天文学家使用地基的望远镜、飞机和太空中的望远镜，在太阳系和尖端的天文物理等领域内，广泛地主导着研究。有许多仍在进行的研究，像近地小行星、海王星外的古柏带巡天、太阳系外行星的搜寻、长达10年的太阳光度稳定性研究和在遥远的星系内各种不同类型恒星形成和演化的研究等等。另一方面，天文台的成员为顾客设计和建造望远镜或是使用本天文台及世界各地的望远镜。

延伸阅读

月球难解之谜

月球曾发生过不少难解之谜，数百年来的天文学家不知已看过多少次了。1843 年曾绘制数百张月球地图的德国天文学家约翰·史谷脱，发现原来约有 10 千米宽的利尼坑正在逐渐变小，如今，利尼坑只是一个小点，周围全是白色沉积物，科学家不知原因为何？1882 年 4 月 24 日，科学家发现月球表面"亚里士多德区"出现不明移动物体。1945 年 10 月 19 日，月面"达尔文墙"出现 3 个明亮光点。1954 年 7 月 6 日晚上，美国明尼苏达州天文台台长和其助手，观察到皮克洛米尼坑里面，出现一道黑线，过不久就消失了。1955 年 9 月 8 日，"泰洛斯坑"边缘出现二次闪光。1956 年 9 月 29 日，日本明治大学的丰田博士观察到数个黑色物体，似乎排列成 DYAX 和 JWA 字形。1966 年 11 月 20 日，美国轨道二号探测船在距"宁静海"46 千米的高空上，拍到数个金字塔形结构物，科学家估计高度在 15～25 米高，也是以几何形式排列，而且颜色比周围岩石和土壤要淡，不像是自然物。

这些奇异现象，不是一般的外行人发现，全是天文学家和太空探测器的报告，这是否意味着：月球上有人类未知的事物？

月球上的奇闻怪事

月球"偷"地球的能量

著名的迷幻摇滚乐队平克·弗洛依德曾经以专辑《月之暗面》轰动全球，而不久前，一些天文学家却公布了月亮真正的暗面——关于月球的鲜为人知的事实同样让人震惊。

地球上的潮汐现象多数是由月亮引起的（太阳的作用稍小一点），潮汐的秘密是这样的：由于月球绕着地球旋转，地球上的海洋受到月球的引力牵引作用，面对月亮的那一面就出现高潮，这恐怕人人都知道。而与此同时，地球上远离月球的另一面也出现另一个高潮，这是因为月球对地球本身的引力牵引作用大于对其水体的作用，从而使另一面的海水向外"鼓"而造成的。

在满月和新月时，太阳、月亮和地球都在一条线上，这时形成的潮异乎寻常地大，我们称之为朔望大潮。而当月亮在最初的和最后的1/4月牙时，较小的小潮就形成了。月球以29.5天的周期环绕地球的轨道并不是一个规则的圆形，当月亮到达离地球最近处（我们称之为近地点）时，朔望大潮就比平时还要更大，这时的大潮被称为近地点朔望大潮。

所有这些牵引现象还产生了另外一个有趣的作用：通过牵引，地球的自转能量被月球一点点地"偷"走了，因此每100年我们的星球自转周期就要减慢1.5毫秒。

当你读着这篇文章时，月亮正在悄悄地从地球身边溜走。每一年，月球都从地球上吸取一点自转能量，并利用这能量来使自己在轨道上向外偏离3.8厘米。天文学家告诉我们，当月亮形成的时候，它与地球的距离仅仅是22 530千米，而现在的距离已经拉大到了38万千米，而且随着时间的推移，月亮会走得越来越远。

月亮并不是圆的（或说球形的），它的形状更像是个鸡蛋。当你在夜空中举头望月时，它那鸡蛋形的两个尖端之一就正对着你。另外，月球的质量中心并不在其几何中心，它偏离中心大约有2千米。

月亮是地球唯一的天然卫星，对吗？或许不是这样的。1999年，科学家们发现了处在地球引力控制范围内的另外一颗小行星，其宽度为5英里，它成了地球的另一颗卫星。

这颗小行星被称为克鲁特尼，它沿着一条马蹄形的轨道行进，绕地球一周大约要花770年的时间。科学家们认为，它像这样在地球的上方悬吊的状态还能够保持至少5 000年。

月亮上坑坑洼洼的表面是在距今38亿～41亿年前受到宇宙中岩石的强烈撞击而形成的。

这一通强烈的岩石冲击远远胜过拳击沙袋所承受的频频打击，留给月亮的是遍体的坑洞，我们称之为环形山。但是这些环形山并没有受到多大的侵蚀，这主要有两个原因：其一，月亮的地质活动不太活跃，因此这里无法像地球上那样由地震、火山爆发和造山运动而形成千变万化的地形地貌；其二，由于月球几乎没有大气层，也就没有风和雨，因此表面侵蚀作用就很少发生。

月球上的 UFO 事件

1968 年 11 月 24 日，阿波罗 8 号太空船在调查将来的登陆地点时，遇到一个巨大的有数平方英里大的 UFO，但在绕行第二圈时，就没有再看到此物体，它是什么？没人知晓。阿波罗 10 号太空船也在离月面上空 15 千米的地方，突然有一个不明物体飞升，接近他们，这次遭遇拍下了纪录片。1969 年 7 月 19 日，阿波罗 11 号太空船载着 3 位太空人奔向月球，他们将成为第一批踏上月球的地球人，但是在奔月途中，太空人看到前方有个不寻常物体，起初以为是阿波罗 4 号火箭推进器，距他们约 9 700 千米远。

想象中的 UFO

太空人用双筒望远镜看，那个物体呈 L 状，阿姆斯特朗说："像个打开的手提箱。"再用六分仪去看，像个圆筒状。另一位太空人艾德林说："我们也看到数个小物体掠过，当时有点振动，然后。又看到这较亮的物体掠过。"7 月 21 日，当艾德林进入登月小艇做最后系统检查时，突然出现两个 UFO，其中一个较大且亮，速度极快，从前方平行飞过后就消失了，数秒钟后又出现，此时两个物体中间射出光束互相连接，又突然分开，以极快速度上升消失。

在太空人要正式降落月球时，控制台呼叫："那里是什么？任务控制台呼叫阿波罗 11 号。"阿波罗 11 号如此回答："这些宝贝好巨大，先生……很多……噢，天哪，你无法相信，我告诉你，那里有其他的太空船在那里……在远处的环形坑边缘，排列着……他们在月球上注视着我们……"前苏联科学家阿查德博士说："根据我们截获的电讯显示，在太空船一登陆时，与 UFO 接触之事马上被报告出来。"

1969 年 11 月 20 日，阿波罗 12 号太空人康拉德和比安登陆月球，发现 UFO。1971 年 8 月阿波罗 15 号，1972 年 4 月阿波罗 16 号，1972 年 12 月阿波罗 17 号……的太空人也都在登陆月球时见过 UFO。

科学家盖利曾说过："几乎所有太空人都见过不明飞行物体。"第六位登月的太空人艾德华说："现在只有一个问题，就是他们来自何处？"第九位登月的太空人约翰·杨格说："如果你不信，就好像不相信一件确定的事。"1979 年，美国太空总署前任通讯部主任莫里士·查特连表示"与 UFO 相遇"在这里是一件平常的事，并说："所有太空船都曾在一定距离或极近距离内被 UFO 跟踪过，每当一发生，太空人便和任务中心通话。"

数年后，阿姆斯特朗透露一些内容："它真是不可思议……我们都被警示过，在月球上会有城市或太空船，是不容置疑的……我只能说，他们的太空船比我们的还优异，它们真的很大……"数以千计的月球神秘现象，如神秘闪光、白云、黑云、结构物、UFO 等，全都是天文学家和科学家共睹的事实，这些现象一直没有合理解释，到底是什么？

月球上充满的火药味

月球土壤看起来就如同地球土壤一样平常，但这些月球尘埃并非像外表那样简单。显微镜观察发现，月球尘埃是很多复杂成分组成的黏性物质，并且散发出一种神秘的类似火药的气味。然而，数十年来，科学家一直未能揭开月球尘埃散发气味的谜底。难道月球土壤的成分和火药类似？有没有爆炸的危险呢？美国"阿波罗"登月飞船的宇航员走到前台，披露了他们感受到的月球尘埃的味道。

美国"阿波罗"宇航员称，月球尘埃散发出一种类似火药的气味。

吉恩·塞尔南是美国"阿波罗"17 号的宇航员，在谈到月球尘埃时，他说："我真希望能给你送去一些。这是一种令人吃惊的东西。"月球尘埃看上去像皑皑白雪一样柔软，但却是一种奇特的粉末状物质，它们散发着一种旧火药的气味。而据"阿波罗"16 号的宇航员约翰·杨说："月球尘埃的味道并不十分糟糕。"

每个"阿波罗"宇航员都曾经闻到过月球尘埃的气味。他们不可能将脸凑到月球表面上去闻。但每次月球行走后，他们都会将月球尘埃放到登陆车中。月球尘埃是一种黏性物质，能粘在鞋子、手套和其他暴露的表面上。在重新进入登月舱之前，无论宇航员如何使劲拍打身上的尘埃物质，它们仍会进入舱内。

一旦宇航员摘下头盔和手套，他们就能感觉到、闻到甚至领略到月球的味道。这种经历让"阿波罗"17号的宇航员杰克·舒米特成为首个被记载染上地外花粉热病例的宇航员。舒米特在数年后回忆起这段经历时说："这种东西可以说是来无影去无踪。在首次太空行走后，我取下头盔，结果发现自己对月球尘埃有了一种强烈的反应。我的鼻甲骨开始肿起来。"这种感觉直到数小时后才慢慢消退。舒米特说："在第二次和第三次太空行走后，我身上再次出现这种问题，只不过程度没有原来严重。我认为自己逐渐对它有了一些免疫力。"

难道月球土壤中含有类似火药的成分？有爆炸的危险吗？

除了舒米特，其他宇航员却没有染上花粉热。对此，舒米特笑着说："他们只不过没有承认罢了。飞行员认为，一旦承认了花粉热症状，他们就再也无法上天了。"

与其他宇航员不同，舒米特并没有试飞员背景，只是一位地质学家，因此他欣然承认了自己遭受的奇怪经历。

实际上这些宇航员也确实有反应。"阿波罗"16号的宇航员查理·杜克说："月球尘埃确实有一种强烈气味。我感觉它的味道和气味都如同火药一般。"舒米特说："所有'阿波罗'宇航员过去都用过枪。"因此，当他们谈到月球尘埃闻上去如同烧着的火药时，他们很清楚自己在讲什么。

但显然，月球尘埃和火药并不是一回事。现代无烟火药是硝化纤维素和硝化甘油的混合物。美国宇航局约翰逊航天中心月球样本实验室的加里·洛夫伦表示，月球土壤中并未发现易燃的有机分子。用火柴点月球尘埃也不会出现爆炸情况。那月球土壤究竟是由什么物质构成的呢？

实际上，近一半的月球尘埃是撞击月球的流星体所造成的二氧化硅玻璃体。这些撞击已持续了数十亿年，将表土化成玻璃，将同样的物质分解为碎片，与火药完全不同。

月球尘埃神秘气味来自何处，谜底尚未揭开。

国际空间站的宇航员佩吉特尽管从未去过月球，但一直对太空气味十分感兴趣，他就此提供了一种解释："如果你身处沙漠，你会闻到什么气味？如果天不下雨，你什么也闻不到。一旦下雨，空气中忽然充满了芬芳与泥炭的味道。"地面蒸发的水汽会将分子送到几个月来习惯了干燥土壤的鼻子里。

也许月球上也会发生同样的事情。佩吉特说："月球就像一个具有40亿年历史的大沙漠，其干燥程度是常人难以想象的。一旦月球尘埃与登月舱中湿润的空气接触，那么就会出现'沙漠雨'效应，并因此产生一些奇特的气味。"

洛夫伦也提出了一个类似的解释："月球尘埃蒸发的气体可能来自于太阳风。"他解释说，"与地球不同，月球暴露于含有氢、氦和其他离子的热风中。这些离子撞击月球表面，结果被尘埃包围。这是种十分脆弱的情形，离子轻易就被脚步或刷子所赶走，它们可能会在与登月舱内的温暖空气接触后蒸发。与登月舱大气混合的太阳风离子会产生一种气味。"另外，舒米特还提供了另一种解释：月球尘埃的气味以及他对这种气味的反应可能都是月球在化学方面十分活跃的迹象。

另一种可能性是，月球尘埃在月球登陆车有氧大气中"燃烧"。洛夫伦指出："氧气很容易起反应，易于同月球尘埃悬浮的化学物质相结合。"这一过程称为氧化，与燃烧类似。尽管这一过程过于缓慢，但月球尘埃的氧化可能会产生一种类似烧着火药的气味。

一旦来到地球，月球尘埃则变得没有任何气味。

这是令人非常吃惊的，一旦被送回地球，月球尘埃就不再带有任何气味。美国宇航局约翰逊航天中心月球样本实验室拥有数百磅重的月球尘埃。在那里，洛夫伦用双手捧着粉末状月球岩石闻了闻，接着闻了闻空气，最后又闻了闻自己的手。

洛夫伦说："它们闻上去确实不像火药的气味。"难道"阿波罗"宇航员只是在毫无根据地猜测？答案是否定的，洛夫伦和其他专家给出了更准确的解释：回到地球的月球尘埃"变得安静了"。"阿波罗"宇航员从月球带回的所有岩石样本一直在与潮湿、含有氧气的空气接触。任何有气味的化学反应（或蒸发）早已经结束。

此前专家们并未想到这一点。宇航员用特殊的"保温瓶"容器真空保存月球样本。但月球尘埃的锯齿边缘有时会意外刺穿容器的密封条，使得氧气和水汽在飞船返回月球的3天里逐渐渗透。没人能估计出这种暴露对月球尘埃改变的影响有多大。舒米特表示："我们需要在月球上研究这些尘埃物质。只有在那里我们才能充分发现其特性，比如它为何散发气味？如何与登陆车、所处环境起反应？"

美国宇航局计划于2018年再次将宇航员送上月球，他们在月球上停留的时间，将大大超过"阿波罗"宇航员。也许，我们的下一代就会有更多时间和更先进的工具揭开月球尘埃散发气味之谜。

谁最先开采了月球

1950 年，在社会上流传过这样一件事，在一座玛雅庙宇中的一个圆形拱门上，发现了一幅月球的地图，而且这是一幅月球的从地球上望不见的背面的地图。

玛雅遗址

除非玛雅人曾经到过月球，或乘坐某种飞行工具在月球附近的轨道上来往过，否则他们怎能绘成这样一幅地图呢？

前苏联和美国的宇宙飞船都拍摄到月球上的一些"塔形物"。这些突起的塔形物估计有 12～22 米高，直径约为 15 米。根据著名的 UFO 权威人士 B·L·特伦奇的说法，它们"像是由智慧的生命放置在那里的"。

前苏联的"登月 9 号"和美国"宇航 2 号"所拍摄的这些神秘的塔形物是什么呢？能不能作为玛雅人 70 万年前在月球上从事过矿物开采的证据呢？或者，它们是不是现在仍在使用着的精密通讯装备的一部分？

大约在 40 年前，天文学家们发现在月球表面上有一些无法解释的"圆顶物"。

B·L·特伦奇报道说："到 1960 年时，已经记录下来的就有 200 多个。"更奇怪的是，人们发现它们还在移动！从月球的一个部位移向另一个部位。

有人曾经对玛雅人有非常大胆的预测，玛雅人是为了寻找金属钛以及铁和镍才跨越太空来到我们的太阳系。而我们的宇航员从月球带回的"月尘"作品，表明月球表面有大量的钛，这样，月球自然会引起玛雅人的注意了。

如果按玛雅人是来自外星这种说法，那么玛雅人在来到地球之前，一定先到过月球。因为要在地球这样一颗行星上登陆，事先必须进行一番仔细研究。在地球表面上 70% 是水，而浓厚的大气层又使地球上的细部很难辨识。月球就小得多了，而且不受大气（因为表面上没有空气）的干扰，相对地说也不大受地震、火山、洪水和辐射带来的影响，玛雅人在 X 行星上建立起自己的基地之后就会很快去开采月球上的金属——玛雅人是着眼于月球表面矿层，而且是先着手大量开采月球的金属核心——与此同时，还可以从月球那里研究我们这颗星，规模不大的勘探队和工程人员还可以随时访问一下地球。

玛雅人在月球上的活动进行得有多顺利呢？在宇航员成功地登上月球后，我们的天文学家和物理学家大吃一惊，发现月球和地球并不相同，前者并没有一个金属的核心。但是，月球上已取得的岩石标本证明，月球确实曾经有过一个熔化的金属核心。

这个核心的下落呢？

开采一个像月球那样大小的天体的核心，当然远非 20 世纪的人类力所能及。但是，玛雅人是能够完成这项任务的，而且困难不会太大。月球上没有大气层，没有风暴，没有海洋，因而也没有大陆的漂移，也没有冰河期的威胁和虎视眈眈的土著的干扰。在地球上，所有这些因素或其中的任何一个都可能干扰玛雅人的开采活动，这也可以说明为什么地球的核心还没有被触动过。

第一张月球背面的照片是 1959 年 10 月 7 日发射的前苏联太空船"登月 3 号"拍摄的。此后，美、前苏联多次派遣了侦察卫星去拍摄月球背面的照片，不过至今还没有公布过清晰的照片。现在，美俄两国好像对月球不感兴趣了，美国的勘探月球的计划和安排都取消了，俄美两国似乎对金星、火星和其他距离太阳远一些的行星有更大的兴趣。

有没有这样一种可能，玛雅人还生活在月球的表面下，因为那里温度的变化不那么剧烈，在那里可以躲开像暴雨那样袭来的小陨星，而且还有可能找到氧气和水蒸气。

在月球的表面还有 10% 没有观察和拍摄的时候，美俄两国就同时不干下去了。这又是什么缘故呢？难道是我们的科学家已经知道他们想知道的全部？或者，已经知道了更多的东西？

尽管月球已经正式被判断为一个"无生命"的世界，但是还常常听到在它表面上发现讯号和某种亮光的报告。天王星的发现者威廉·赫谢尔爵士，1783 年发现"在月球的阴暗部分，有一处发光的地火，其大小和一颗四等的红色暗星仿佛"。他用的是一个 22 厘米口径 3 米长的望远镜，一个月之后，他再次看到这个信号。当时，他误认为是月球上的火山活动。近年来对月球所做的勘探说明，在月球上不可能有火山活动，因为月球的核心不存在有导致火山爆发所必须具备的那种熔化的岩浆和巨大的热量。

然而，1961 年在亚利桑那州洛厄尔天文台的美国天文学家爱德华·巴尔和詹姆斯·格里纳克只在被称为阿列斯塔克的陨石坑处，看到了更多这样的信号。其他天文观测者也证实了他俩观测的结果。1958 年前苏联天文学家库祖日夫从克里米亚天文台看到在阿方索斯陨石坑所在之处也有一个这样的红色信号，还有我们的宇航员，也纷纷报告说，在月球上或其附近，看到了奇怪的信号或亮光。

很值得注意的是，就在库祖日夫观测到月球信号的一年之后，前苏联第二次向月球的另一面派出了一艘太空船去拍摄照片。这是巧合吗？

火山之说已不足为据，对这些信号作何解释呢？我们认为这些信号是一种密码。是不是我们的科学家已经把它译出来了？这也是他们热衷于注释玛雅文字的原因吗？会不会是玛雅天文学者在月球上的地道网连接着大大小小的"月海"。而从这些"月海"中，天文学家才看到了那些神秘的红色信号？玛雅人是不是把月球作为他们的通讯卫星呢？

所有的问题也许随着未来的探测迎刃而解。

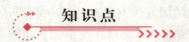 知识点

UFO

UFO 全称为不明飞行物，也称飞碟（unidentified flying object，简称 UFO），是指不明来历、不明空间、不明结构、不明性质，但又飘浮、飞行在空中的物体。一些人相信它是来自其他行星的太空船，有些人则认为 UFO 属于自然现象。20 世纪 40 年代开始，美国上空发现碟状飞行物，当时称为"飞碟"，这是当代对不明飞行物的兴趣的开端，后来人们着眼于世界各地的不明飞行物报告，但至今尚未发现确实可信的证据。许多不明飞行物照片经专家鉴定为骗局，有的则被认为是球状闪电，但始终有不少现象根据现在科学知识无法解释。

关于月球的假说

月球是中空球体

在月球内部有一个证明"月球是中空球体"的证据。

使用科学装置反复试验的结果，使美国航空航天局的科学家及全世界的科学家们得以获得大量月球内部的资料，美国宇航员以月面为基地设置了高灵敏度的月震仪将月震资料发送回地球。其中一台由"阿波罗"11号的宇航员设置在静海，另一台由"阿波罗"12号的宇航员设置在风暴洋。设在月面的月震仪十分精密，比在地球上使用的地震仪灵敏度高上百倍，它能测出人们所能在月面造成的震动的百万分之一的微弱震动，甚至记录到宇航员在月面上行走的脚步声。

在人类首次对月球内部进行探测的过程中，当"阿波罗"12号的宇航员乘登月舱返回指令舱时，用登月舱的上升段撞击了月球表面，随即发生了月震。这场月震使正在进行观测的美国航空航天局的科学家们惊得目瞪口呆：月球"摇晃"了55分钟以上，而且由月面地震仪记录到的月面"晃动"是从微小的振动开始逐渐变大的。从振动开始到消失时间长得令人难以置信。振动从开始到强度最大用了七八分钟，然后振幅逐渐减弱直至消失。这个过程用了大约1个小时，而且"余音袅袅"，经久不绝。在地球上这种现象是绝对不可能发生的。

地震研究所负责人莫里斯·云克在当天下午的电视新闻节目中向公众传达了这个令人惊异的事实："月球还在晃动。"他无可奈何地承认，为什么会造成这种振动他也说不清楚。据云克说，要直观地描述一下这种振动的话，它就像钟声在响——敲响了教堂的大钟，声音鸣响了30分钟。实际上他还不知道，月球的"晃动"持续了1个小时，是30分钟的一倍。

美国马萨诸塞州技术研究所的弗朗克·普莱斯博士的看法相当直率："我们从来都是先作出假设然后进行研究，而今天我们面临的是地球从未有过的事实，是一次莫大的经验。光是月球的振动持续了30分钟我们就难以理解，其原因何在呢，这一发现肯定全然否定了我们的预想。"总之，这场月震给瓦欣和谢尔巴科夫的假说显然提供了机会。如果月球的壳体为金属质的而且坚硬，内部是空洞的话，"阿波罗"飞船造成的月震自然应当像巨大的钟鸣那样持续甚久，事实也是如此。

其他科学家也很难对这种现象作出恰当的解释。理查德·路易斯在《阿波罗的宇宙旅行》一书中这样写

月球是中空球体吗

道："在发射'阿波罗'12号时，人类对月球的构造理应有了一些新的发现。人们不是把月球的自然环境和它的详细情况称为20世纪之谜吗？"美国麻省理工学院的普莱斯博士（曾担任美国前总统卡特的科学顾问）是最早试图对此作出解释的科学家之一。他解释说，由于登月舱上升段坠落的撞击，也许在月面的广大地区内造成了如同雪崩或瀑布般的崩塌。他的说法绝非无稽之谈，因为振动确实持续了很长时间，振动从开始达到最强用了七八分钟，衰减到一半时用了20分钟，随后振动逐渐减弱，总共持续了1个小时。

还有一位科学家解释说，当登月舱的上升段撞击月面时，月面的尘埃和岩石碎块高高飞起，等它们全部落至月面肯定需要1个小时。另外一位科学家说，也许这是登月舱本身的问题。也就是说，当登月舱和上升段垂直坠落时其情形恰与一架飞机坠落时相仿，其碎片和残骸会分崩离析，飞向四周。

《科学新闻》杂志对这种没有说服力的解释提出了疑问："如果没有别的原因，单是登月舱的上升段撞击月面，很难想象会发生如此长时间的巨大震动。月面岩石碎块和尘埃的散落的解释同样是不能令人接受的。""月钟"鸣响在"阿波罗"12号造成"奇迹"后，科学家们特别是地震学家们期待下一次对月球的撞击。"阿波罗"13号随后飞离地球进入月球轨道，宇航员们用无线电摇控飞船的第三级火箭使它撞击月面。当时的撞击相当于爆炸了11吨TNT炸药的实际效果，撞击月面的地点选在距"阿波罗"12号宇航员设置的月震仪140千米的地方。

月球再次震动了。如果借用地震学上的术语来说就是"月震实测持续3个

小时"。月震深度达 35～40 千米，直到 3 小时 20 分钟后才逐渐结束。科学家们更感到惶惑了。美国航空航天局的地震学家面面相觑，没有一个人能够给出令人满意的解释。

月球是宇宙飞船

撞击月面、进行月震实验的是"阿波罗"14 号的 S-4B 上升段，采用无线电遥控的方式使其撞击月面。月球像预料的那样震颤起来。据美国航空航天局的科学报告说，月球对撞击的反应就像一个铜鼓被敲击，振动持续了 3 个小时，深达月面下 34～40 千米。月震实验的地点距"阿波罗"14 号的宇航员设置的地震仪 174 千米远。当"阿波罗"14 号的宇航员们乘登月舱返回"小鹰"号指令舱时，"月钟"正在震响。上升段自重 2 200 千克，当时对月面撞击造成的效果相当于是炸了 726 千克 TNT 炸药，振动持续了 90 分钟。

美国航空航天局的科学报告说："这次小小的月震，开始了科学的新时代，不管是人为的还是自然的。设在月面两个地点的月震仪都同时记录到上升段撞击月面一瞬间的震动。"据稍后进行的观测（使用"阿波罗"12 号、14 号、15 号的宇航员设在哈德利·亚平宁地区的 3 台地震仪），"阿波罗"15 号制造的月震甚至传到了距撞击地点 1 127 千米远的风暴洋。如果用同样的方式在地球上制造地震，地震波只能传播一两千米，也不会出现持续 1 小时之久的振动。这次月震还穿过风暴洋到达设在弗拉·摩洛高地的地震仪。

毫无疑问，地表下由地壳构成的地球在发生地震时所发生的反应与中空的月球在发生月震时的反应是完全不同的。地震研究所的主任研究员莱萨姆认为，这种在地球上绝对不可能发生的现象令科学家们感到迷惑不解，这显然是由于地球和月球的内部构造不同造成的。事实上，科学家们强调指出，根据月震记录分析，月球内部并不是冷却的坚硬熔岩。科学家们认为，尽管不能得出月球这种奇怪的"震颤"意味着月球内部是全空洞的结论，但可知月球内部多少存在着一些空洞，人为制造的月震全都引出了相同的结论。最大的一次月震造成的月面振动持续了 4 个小时。但是甚至连如此奇怪的现象也未能打动一些铁石心肠的科学家的心。为数不多的几个科学家仍坚信，至少别的月震实验证明，月球的核心是坚硬的。

如果站在"月球—宇宙飞船"假说的立场上进行推测的话，就应当得出月球内部存在着许多人工建筑物的结论。美国航空航天局的一位科学家说，月球内部也许存在两个类似横梁、长达上千千米的金属质月震构造带。月球有着一个坚固内核的原因，大概要归于这种构造带的存在。

现在有一个问题，那就是设在月面上的月震仪之间的距离过于邻近了，如果这些月震仪能够设置得彼此远一些的话，就能确切无疑地证明月球中空。美国中西部天文观测站的天文学家们曾在广播节目中就《月球宇宙飞船之谜》一书进行了讨论，认为"月球有可能是中空的"。不过遗憾的是，现已得到的月面地震仪测定所得的证据还不是确切的和具决定意义的，因为在测定月震的横波和纵波方面，那些月震仪设置得过于接近了，显得无能为力。

如果月球确是中空的，那么纵波根本不会通过月球中心，而横波则会在月球的壳体上往复振荡经久不息。纵、横月震波传播时间的差异，当使我们得以证明月球内部是否中空，然而这种证明是没有把握的。这是为什么呢？

在回答这一疑问之前，我们心中会自然而然地冒出一个重要的疑问，那就是在月球内部是否存在一个月核？

科学记者理查德·路易斯介绍说，由于月球密度较小，以尤里博士为代表的一些科学家提出，并不存在什么月核。而在一些地球物理学家中有人并不赞成尤里博士等人的看法。科学家们期待着有一个巨大的陨石坠落月面，因为通过测定陨石当时对月球的撞击，不就能确定是否存在月核了吗？这些科学家运气不错，这种发生概率只有百万分之一的罕见事情居然发生了。

1972 年 5 月 13 日，一个巨大的陨石撞击了月面，其效果相当于爆炸了200 吨 TNT 炸药。参与"阿波罗计划"的科学家给这个陨石起名为"巨象"。"巨象"给月球造成的震动确实传进了月球内部，但如泥牛入海般毫无反响。美国航空航天局负责月震实验的莱萨姆博士认为应当继续观测这一罕见月震传入月球内部的能量，因为肯定会有来自月核的反应，也就是说"巨象"会将振动传至月球内部，而且这种振动应当多次反复，然而事实上什么也没有发生。科学家们又困惑了，也许正如尤里博士所主张，月球也许不存在内核，而有一个巨大空洞。

尤里博士说，之所以没有横波是由于振动在传至月球内部时，碰上了某种"柔软"的物质，于是撞击造成的振动被吸收，但是这种解释与起初所说"越往月面深处越坚硬"的说法相矛盾。由此看来，认为月球内部完全中空或部分中空的看法不是更自然些吗？但这并非"自然所成"，科学家们也许不难解释。在《月球居民》一书中亚宾·麦凯尔森指出，尽管人类正确地了解月球自转已有 300 年了，可是对月球的惯性因素甚至连想当然都做不到。他的这番话还不能说明科学家们面对月球之谜的所有窘态吗？

如果假定月球本身是一艘宇宙飞船，那么科学家当然会推测月球内部会存在某种建筑物。如果不这样的话，一般认为的振动的横波和纵波的特征自然会成为使人们困惑的根源，正如人们在过去的月震中所见到的那样。因为它们与实际月震情况不符。在最初的对月球运转的研究中，有迹象表明月球是一个中空的球体。月球的惯性系数在了解到月球内部的密度分布后就可以确定。起初，这个数字是 0.6 克/立方厘米，这说明月球内部可能中空；但在以后的研究中这个结果又发生了变化，这让科学家们颇感头疼。在此必须指出，这种事实使我们不能不导出"在我们尚不了解的月球内部存在着各种建筑物"的结论。这个结论使我们得到了有关月球性质的正确认识，这也是不可无视"月球—宇宙飞船"假说的重要因素。

种种研究结果都说明月球内部存在空洞。无论是早期的麦克唐纳博士的研究还是其后所罗门博士的月球重力的研究，都说明月球内部可能存在空洞。持续 4 小时之久的振动难道不能说明空洞存在吗？要是疑问还是不能得到解答，那么我们便不得不转而考虑瓦欣和谢尔巴科夫的假说，把月球当做一艘宇宙飞船来研究。

据某位消息灵通人士说，美国航空航天局将公开表示要认真看待"月球—宇宙飞船"假说，这倒是件耐人寻味的事。现任史密森尼安研究所所长，过去曾是美国航空航天局成绩卓著的科学家的法尔克·埃尔·巴斯博士，曾受当局之命进行过一项特别实验，以研究月球内部是否确实存在空洞。据他说，这项未公开的实验当然是秘密进行的，"对月球内部还未有所发现，但可以设想存在大量空洞，实验就是为了搞清这一现象而进行的。"这项实验的结果没有只字片纸公之于众，事实上至少在法尔克·埃尔·巴斯博士对《萨加》杂志发表谈话之前，他还没有接触到这项实验。《萨加》杂志在美国也是一流的刊物，它一直积极从事对 UFO 的研究，专揭政府对宇宙研究秘而不宣的"老底"。

为什么美国政府把一切与月球之谜有关的研究都列为机密呢？原来美国政府、航空航天局以及军方都对月球内部存在空洞——外星人的基地表示怀疑。

亚宾·麦凯尔森在《月球居民》一书中指出，对月球内部的密度等的研究表明，月球内部的密度并不均匀，也就是说密度最高的部位靠近月面，所以可以假定月球中空。但问题在于，月球密度的不均匀也许能确切证明月球的运行轨道，但在基本的物理学意义上还存在未知的因素，这种运行状态下月壳应当崩溃，所以难以捉摸。也许月壳之所以不会崩溃是因为它不是自然形成的，而是用高强度金属建造的宇宙飞船的外壳。这样就解答了麦凯尔森的疑问，还推证了"月球—宇宙飞船"假说的正确性。

月球是人造球体

关于月球的各种未解谜题还有很多，而且，有此听来还真是有些离奇。比如，月球的天文参数证明月球不是自然天体！

科学家们发现，月球是一个异乎寻常的天体，它比自然天体的卫星大得多。请看下列数据，地球直径12 756千米，月球的直径3 467千米，为地球直径的27%。火星直径6 787千米，有两个卫星，大的一个直径23千米，是火星的0.34%。木星直径142 800千米，有13个卫星，最大的一个直径5 000千米，是木星的3.5%。土星直径120 000千米，有23个卫星，最大的一个直径4 500千米，是土星的3.75%。其他行星的卫星，直径都没有超过母星的5%，但是月球却达到27%，这表明月球不是一般的天体。

月球不是绕地球旋转，而是伴着地球对转。其反常轴向自旋，速度非常之快，远远快于大小、距离与其类似的行星所应有的速度。

一般天然卫星的轨道都是椭圆的，而月球轨道却是圆形的（轨道半径为38万千米），我们知道，只有人造地球卫星的轨道是圆的。

月亮与同样大小的行星相比，密度要小得多。预示它不同于其他行星，它内部可能是空的。地球对月球的引力远远小于太阳对月球的引力，但月球却没有被太阳吸引过去而仍留在地球的轨道上。如果月球是一颗宇宙中的天然星体，那么它一进入太阳系就会被个大无比的木星吸引过去而不会跑到地球身边。所以，很难想象月球是在宇宙中自然形成的。

地球属于类地行星，而类地行星除地球和火星外，其他的都无卫星。也就是说月球不是地球的卫星，它更像人造天体。

知识点

三级火箭

　　现代火箭的动力一般采用三级推进模式，可以增加动力摆脱地球引力。目前多采用固液混合型三级火箭。常用的运载火箭按其所用的推进剂来分，可分为固体火箭、液体火箭和固液混合型火箭 3 种类型。如我国的长征三号运载火箭是一种三级液体火箭；长征一号运载火箭则是一种固液混合型的三级火箭，其第一级、第二级是液体火箭，第三级是固体火箭；美国的"飞马座"运载火箭则是一种三级固体火箭。如按级数来分，运载火箭又可分为单级火箭、多级火箭。其中多级火箭按级与级之间的连接型式来分，又可分为串联型、并联型（俗称捆绑式）、串并联混合型 3 种类型。

延伸阅读

科幻片《月球》

　　《月球》是邓肯·琼斯编导的一部科幻悬疑电影。该片由山姆·洛克威尔、凯文·史派西主演，讲述了在未来世界里，随着科技的飞速进步，地球的污染也越来越严重。为了遏制这种现状，一家名为月能工业有限公司的企业应运而生。该公司致力于月球能源的开发，通过采集 ^{3} 氦来满足地球对能源的需求。月能公司在月球设有基地，山姆·贝尔（山姆·洛克威尔饰）正是该基地上唯一的工作人员。山姆是公司聘用的合同工，他已在月球孤零零地生活 3 年，陪伴他的只有智能机器人戈蒂（凯文·史派西饰）。枯燥乏味的生活令山姆归心似箭，在还有两周就离开月球的时候，山姆偶然遭遇一起事故。醒来后的他发现戈蒂似乎对其有所隐瞒，公司高层也拒绝他的回程请求。山姆借机逃出基地，却在事故发生地点发现另一个自己……

YUEQIU SHIFOUSHI RENLEI WEILAI DE JIAYUAN

走进月球世界

月球表面的主要地形构造是山脉、环形山和海。它们都早已被赋予了各种各样的名称。

由伽利略等科学家早期观测并予以证实的月海，一般都用拉丁名字来称呼，比如：风暴洋，雨海，湿海，云海，汽海，静海，丰富海，梦湖等。

在多数情况下，月面主要山脉都以地球上山脉的名字来命名，比如：阿尔卑斯山脉、亚平宁山脉、高加索山脉、喀尔巴阡山脉、比利牛斯山脉等；也有以杰出天文学家和科学家的名字来命名的，比如：莱布尼茨山脉和多费尔山脉等。

环形山则一般以古代或者现代的著名科学家和哲学家等的名字来称呼，比如：柏拉图、哥白尼、欧几里得、阿基米德、法拉第、卡文迪许、罗斯、皮克林、牛顿等。

前苏联根据第一批月背照片建立月背图的时候，为一些最明显的月面构造取了名字，譬如：莫斯科海、苏维埃山系以及齐奥尔科夫斯基、罗蒙诺索夫、祖冲之环形山等。

月球地貌是怎样形成的

月面上山岭起伏，峰峦密布，没有水，大气极其稀薄，大气密度不到地球海平面大气密度的一万亿分之一。月球上没有火山活动，也没有生命，是一个平静的世界。已经知道的月海有 22 个，总面积 500 万平方千米。从地球上看到的月球表面，较大的月海有 10 个：位于东部的是风暴洋、雨海、云海、湿海和汽海，位于西部的是危海、澄海、静海、丰富海和酒海。这些月海都被月球内部喷发出来的大量熔岩所充填；某些月海盆地中的环形山也被喷发的熔岩所覆盖，形成了规模宏大的暗色熔岩平原。因此，月海盆地的形成以及继之而来的熔岩喷发，构成了月球演化史上最主要的事件之一。

月球上的陨击坑通常又称为环形山，它是月面上最明显的特征。环形山，希腊文的意思是"碗"，所以又称为碗状凹坑结构。环形山的形成可能有两个原因，一是陨星撞击的结果，二是火山活动；但是大多数的环形结构均属于陨星的撞击结果。1924 年，吉福德曾把月坑同地球上的陨石坑作了比较，证实了月坑是陨星撞击形成的。因此，陨击作用是形成现今月球表面形态的主要作用之一。许多大型环形山都具有向四周延伸的辐射状条纹，并由较高反射率的物质所组成，形成波状起伏的地形，向外延伸可达数百千米。环形山周围有溅射出来的物质形成的覆盖层；溅射的大块岩石又撞击月球表面，形成次生陨击坑。由于反复的陨星撞击与岩块溅落以及月球内部喷出的熔岩大规模泛滥，使得许多陨击坑模糊不清，或只有陨击坑中央的尖峰露出覆盖熔岩的表面。

从叠加在月海上的陨击坑的状况判断，以及从月球上带回样品的放射性年龄测定表明，月海物质大致是与陨击坑同时期形成的。月海年龄大都在 35 亿年左右，而月陆高地的形成至少在月海熔岩喷发之前 10 亿多年已经存在，因此原始月壳是更为早期时形成的，并且是因大量熔岩的不断喷发，月球物质长期圈层分化的结果。

月球表面

研究表明，月球的圈层结构是继大约 46 亿年前它所经历的一个漫长的天文演化阶段之后，又一个持续了约 10 亿年之久的圈层分化过程。月球表面陨击坑的直径大的有近百千米，小的不过 10 厘米，直径大于 1 千米的环形山总

数多达 33 000 个，占月球表面积的 7% ~ 10%，最大的月球坑为直径 236 千米。在月球背向地球的一面，布满了密集的陨击坑，而月海所占面积较少，月壳的厚度也比正面厚，最厚处达 150 千米，正面的月壳厚度为 60 千米左右。由于月球表面之上缺乏大气圈和水圈，所以月球早期的熔岩喷发和陨星撞击形成的月球表面形态特征能够得以长期保存。自 1969 年以来，宇航员已从月球表面取回数百千克的月岩样品，经过对这些月岩样品的研究分析得出结论，这些月岩曾熔化过，月球表层物质主要是岩浆岩组成。

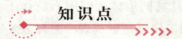

知识点

湿　海

　　湿海是一个位于月球正面的小型环状月海，横跨约 389 千米。它曾是一个古老的撞击盆地，后来被火山熔岩淹没和填满，周围的山脉标示出了撞击盆地的边缘，但是在一些部位火山熔岩漫过了盆地的边缘，由西北方漫过了南部的风暴洋。在阿波罗工程中并没有对湿海进行采样，因而还不能确定它的准确年龄。但是，地质绘图显示它的年龄应该介于雨海和月面基地盆地之间，大约为 39 ±5 亿年。

月球东部的山和"海"

　　按国际统一规定，月球上的方向与地球上相同：上北下南，左西右东。所谓月球东部，自然就是向着我们这一面的右边。

　　凭直接观察，人们可以发现月球东部的两个特点：东部的"海"比西部的"海"面积小，而东部的"海"基本上分散成一块一块的，很像地球上的盆地；东部比西部要显得明亮一些。实测结果也是如此，若以满月的亮度为 100 的话，上弦月为 8.3，下弦月为 7.8。

月球东部的地形和地势是错综复杂的。月海基本上都在赤道附近，越向两极，地势越高，环形山越多。在东部共有 3 条山脉：澄海东侧的金牛山脉、丰富海与酒海之间的比利牛斯山脉和澄海与汽海之间的海码斯山脉。这些山脉都环绕着月海，和月海构成统一的演化单元；澄海和静海之间的阿格厄斯山，高达几千米，形成澄海和静海的分水岭；酒海南部的阿尔泰山脉峭壁长达几百千米，是月面最长的峭壁，很像酒海的外"堤"；科希峭壁则像是从静海东延伸到静海中的"栈桥"。还有 2 条月溪：联结静海和中央湾的阿里亚代斯月溪，静海西侧的海帕塔月溪；1 个海角：澄海和静海之间的阿切鲁西亚海角。1 条月谷：在丰富海之南的环形山之间的勒伊塔月谷，长约 500 千米，宽约 20 千米，是月面最长的月谷。2 个湖：澄海东北的死湖与梦湖。死湖的面积约 2 万平方千米。一些比较著名的环形山带有辐射纹，如：朗格林诺斯环形山，直径约为 130 千米，辐射纹长约 1 500 千米；捷奥菲勒斯环形山，直径约 100 千米，底部平坦，辐射纹长约 1 000 千米；弗涅里厄斯环形山，直径约 20 千米，辐射纹长约 200 千米；斯梯文环形山，直径 25 千米，辐射纹长约 600 千米。在东部边缘主要有高斯环形山、尼玻环形山、吉尔伯特环形山、洪堡德环形山、李约环形山等。这些环形山有时可见，有时隐藏到月球背面。在静海里的西北部有 3 个环形山，靠近澄海的是普林尼斯环形山，它的南面有罗斯莱山和阿拉果环形山。从这 3 个环形山的外形看，都是在静海形成后出现的，属于较年轻的环形山。与此相反，在酒海最南端的弗拉卡斯托特里斯环形山是一个古老的环形山，它的环壁呈锯齿形，并且有一部分环壁已被酒海熔岩物质掩埋，类似雨海西北部的虹湾。酒海被比利牛斯山脉和阿尔泰峭壁所围。有的月面学家认为，酒海周围的"沉陷"地形，过去曾是一个直径 1 000 千米以上的巨大类月海，后来一部分被熔岩覆盖，这就是酒海，一部分周壁就是阿尔泰峭壁和比利牛斯山脉。

东部月海的特征，第一是海的数量多，月球向着我们这面共有 19 个月海，东部占 12 个；第二是独立的海多。除靠近月面中部的澄海、静海和酒海相通相连外，其他 9 个月海都是孤居一地；第三是海的总面积比西部小，大约 190 万平方千米，还不到风暴洋面积的一半；第四是海的分布广；第五是有"时隐时现"的海。由于月球的经天平动影响，地处东海缘的界海、史密斯海、洪堡德海和南海，有时可见，有时看不见；第六是海外形呈六边形。

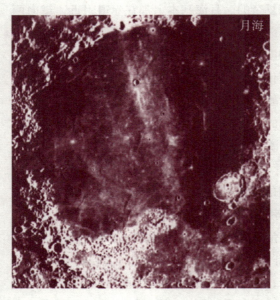

月海

月 海

所谓"界海"，就是因为它地处可见面和背面之间的投影线上。长期对月球进行观测就会发现它"时隐时现"。其实，何止界海"时隐时现"，凡是在这个经度范围内的月面都是如此。

对月面东部的探测在 1969 年 7 月 21 日，美国的"阿波罗"11 号载人宇宙飞船的登月舱降落在静海西南部靠近赤道的地方（东经 23°26′，北纬0°41′），揭开了人类亲临月球探索的新纪元。航天员在静海着陆点采回月壤和月尘。根据研究，这里的岩石年龄在 34 亿～37 亿年，为月面中等岩石年龄。样品表明：这里没有含水的矿物质；这些表面物质是受冲击产生的；钛铁矿的含量比地球上大多数的玄武岩要高；在石屑碎块中发现一种新硅酸盐矿物——命名为"静海石"，这是月海玄武岩晚期结晶作用的产物。

1972 年 12 月 11 日，"阿波罗"17 号载人宇宙飞船的登月舱在澄海东南高地着陆（东经 30°45′，北纬 20°10′），这是人类到达月球最东面的地区。在着陆的两名宇航员中，有一位是美国哈佛大学的地质学家施米特。他们乘月球车在月面上活动 3 次，共 22 小时 5 分，是 6 次"阿波罗"宇宙飞船登月中，在月面活动时间最长的一次，带回 115 千克岩石样品。1970 年 9 月 20 日，前苏联无人驾驶的"月球"16 号自动探测器降落在丰富海，取回 100 克月壤样品。1972 年 2 月 21 日，无人驾驶的"月球"20 号在丰富海东北山区着陆，取回 50 克月壤。1976 年 8 月 18 日，无人驾驶的"月球"24 号在危海着陆，取回月壤 170 克。由此可见，前苏联主要是集中力量对月球东部海区进行探索。

知识点

丰富海

　　丰富海，又译丰饶海、丰海，是月海之一，位于月球的东南半球，与酒海（西）、静海（西北）和危海（北）相邻。面积32.6万平方千米，直径909千米，位于南纬7.8°，东经51.3°。郎格尔努力斯坑和成功湾位于该海的东部边缘。梅西尔陨石坑位于其中部。

　　科学家认为，它形成于前酒神代，边缘的物质属酒神代，而月海中的物质属晚雨海代，又比静海和危海薄。2009年3月1日，中国嫦娥一号绕月卫星撞击本区，完成探月任务。

延伸阅读

李白与月有关的诗

《静夜思》：床前明月光，疑是地上霜。举头望明月，低头思故乡。

《玉阶怨》：玉阶生白露，夜久侵罗袜。却下水晶帘，玲珑望秋月。

《月下独酌》：花间一壶酒，独酌无相亲。举杯邀明月，对影成三人。月既不解饮，影徒随我身。暂伴月将影，行乐须及春。我歌月徘徊，我舞影零乱。醒时同交欢，醉后各分散。永结无情游，相期邈云汉。

《关山月》：明月出天山，苍茫云海间。长风几万里，吹度玉门关。汉下白登道，胡窥青海湾。由来征战地，不见有人还。戍客望边色，思归多苦颜。高楼当此夜，叹息未应闲。

《把酒问月》：青天有月来几时，我今停杯一问之：人攀明月不可得，月行却与人相随？皎如飞镜临丹阙，绿烟灭尽清辉发？但见宵从海上来，宁知晓向云间没？白兔捣药秋复春，嫦娥孤栖与谁邻？今人不见古时月，今月曾经照古人。古人今人若流水，共看明月皆如此。唯愿当歌对酒时，月光长照金樽里。

月球南部的高原和山区

皓月当空，人们一眼就可以看出月面南部显得格外明亮，月面南部的陆地与月面的月海区形成了鲜明的对比。这是因为月陆主要是由斜长岩组成，对阳光的反射率较高。通过天文望远镜观察，会发现这里密布着大大小小的环形山，给人以千疮百孔之感，是典型的月面山区。

月面南纬30°以南的月陆基本上连成了一片。这块陆地的地形是从东西边缘和中央区向赤道伸展，构成一个"山"字形。在这片广阔的陆区内也分布着两个月海。这就是以南纬约50°和东经约80°为中心的南海（月面后右下方）；与此相对称的另一边，即以南纬约50°和西经约50°为中心点的一片月海（月面的左下方），它是从湿海引伸而来，没有被赋予专门的名称。这两个月海面积小，又在明亮的月陆包围之中，显得很不起眼。

月海区的地形地势有形形色色的湖、湾、沼、岛和半岛等特征。月球的地势自然有高地、峭壁、山脊、山链和隆起带等特征。月球南部陆地是环形山最密集的区域，真是密密麻麻，重重叠叠，尤以莫罗利卡斯环形山周围最为显著。一般来说，环形山的周壁高度在300～7 000米之间，而环形山的直径相差甚大。直径在百千米左右的大环形山周壁有如群山环绕的盆地。直径在几十千米的环形山一般都比较高和深，有的深达几千米，宛如洞穴深渊。直径在几十米以下的环形山周壁不高，但到处皆是。有人把月面南部山区比做神秘之宫，小环形山则像宫中的点缀物。

著名的环形山有：第谷环形山，以丹麦天文学家第谷（1546—1601）的名字命名。它位于月面西经11°、南纬43°，直径85千米，环壁高4 850米，中央丘高1 600米。它的结构复杂，并显现出年轻环形山挺拔峻峭的风姿。以满月时从地球上看到最多、最长、最美的辐射纹而著称。辐射纹从环形山中心呈弧形向外延伸，最长的可达1 800千米，共有12条。辐射纹贯穿整个南部陆地，叠加在许多环形山之上，有的甚至伸展到酒海、静海、云海、知海和风暴洋中，饶有特色，蔚为壮观，肉眼可以直接看到。

按月面演化史来分类，第谷环形山属于哥白尼纪，也就是与哥白尼环形山的年龄差不多。这类环形山的特点是环形山的周壁形态比较完整；有明显的辐射纹；岩石的反射率较高；属于年轻型的环形山。月面学家认为，它们在风暴洋和雨海等地发生大面积陷落结束以后才出现的。

第谷环形山

第谷环形山一直吸引着天文学家、地质学家和广大天文爱好者的注意。1968 年 1 月 7 日，美国发射的"勘测者" 7 号月球探测器就降落在第谷环形山北侧不远的地方（西经 11°26′，南纬 40°53′）。这是人类发射的探测器降落在月球上最南方的一个。它对月壤进行了分析，还拍下了 2 万多张月球照片，其中拍下了第谷环形山辐射纹的近距照片。从照片上可以看出辐射纹上聚集着许多小环形山。

克拉维环形山：这是以德国的数学家和天文学家克拉维（1537—1612）的名字命名的。它位于月面西经 14°，南纬 58°，直径约 240 千米，环壁严重崩塌，很像盆地周围的丘陵。在它的底部和环壁上还有很多环形山，其中环壁上两个较大的环形山，一个叫波特环形山，直径约 52 千米；另一个叫卢瑟福环形山，直径约 54 千米。可以想象，这里的地形和地势是多么错综复杂，恐怕在地球上是找不到这类难以认清的重叠的地貌结构了。

克拉维环形山不仅以其大而闻名，更以它身经亿万年的龙钟老态被月质学家们所选中，树立它为古老环形山的代表。它的特点是：面积大；环壁崩塌，失去当年的原始面貌；底部平坦，没有中央丘；重叠着很多后生的环形山。

贝利环形山：是以法国天文学家贝利（1736—1793）的名字命名。它位于月面西经 60°，南纬 67°，直径约 303 千米，是月球上最大的环形山，属于克拉维类型。

牛顿环形山：是以英国物理学家和天文学家牛顿（1642—1727）的名字

命名。它位于月面西经 17°，南纬 77°，直径约 64 千米，据说它可能是月球上最深的环形山之一。

另外，在莫罗利卡斯环形山周围不仅环形山密度大，并且这里的一些环形山也比较高。这是以意大利数学家莫利卡斯（1494—1575）的名字命名的，它的位置在月面东经 14°，南纬 42°，直径 114 千米，环壁高达 4 730 米。

南极点虽然无法直接观测到，但提供南极点附近的几个目标可帮助判断南极点。在南极点之东约 3°的地方有一个环形山叫阿孟德森环形山，直径约 100 千米，东经 90°经线正穿过它；在南极点之西约 7°的地方有一个叫德里加尔斯基环形山，直径约 176 千米，西经 90°经线正穿过它；从南极点往北约 5°处有一个叫玛兰波特环形山，直径约 55 千米，中央 0°经线正穿过它。在这 3 个环形山经度的交点处，就是南极点。恰巧在南极点有一个小环形山。

总之，关于月球南极陆地的特征，远不如我们对月球赤道区域了解得多，还有待进一步的认识。

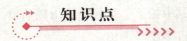

知识点

第 谷

　　第谷（1546—1601），丹麦天文学家。第谷于 1559 年入哥本哈根大学读书。1560 年 8 月，他根据预报观察到一次日食，这使他对天文学产生了极大的兴趣。1562 年第谷转到德国莱比锡大学学习法律，但他却利用全部的业余时间研究天文学。1563 年第谷观察了木星会土星（两行星在天空靠在一起），并写出了他的第一份天文观测资料。他领悟到当时用的星历表不够精确，于是开始了长期系统的观测，想自己编制更精确的星历表。他毕生从事天文研究工作，取得了重大的成就，但他的宇宙观却是错误的，他认为所有行星都绕太阳运动，而太阳率领众行星绕地球运动。

第谷的"金鼻子"

1566 年，20 岁的第谷就读于德国罗斯托克大学。一次醉酒后他与同学发生口角，两个醉醺醺的年轻人决定以决斗定胜负。因为当时已天黑，再加上酒后头晕，两个决斗者根本无法看清对方。在一片惊呼声中，第谷的鼻子被对方不小心砍掉。为掩盖身体的缺陷，第谷给自己设计了一个金属鼻子，由金银合成。自此第谷就有了一个绰号——"金鼻子"。

1901 年，第谷去世 300 年后，他的尸体被考古学家挖掘出来。当时尸体早已腐烂，但"金鼻子"完好无损，只是由于氧化已变成绿色。有历史学家怀疑，第谷的假鼻子并非金银制成，而是铜。也有人怀疑，第谷的墓穴曾被盗墓者光顾，"金鼻子"被换成了"铜鼻子"。

月球北部的沉静之地

月球北部，一般是指月面北纬 50°以上的地区。不论直接赏月，还是通过望远镜观测，都会发现这里既无月面东、西部那样以月海为主的明显特色，又没月面南部那样绵延千里的山地特征，似乎是月面边缘一隅沉静之地。然而，这里依然以其特有的魅力吸引着月面学家的注意。

这里与南部相邻的地区从西到东是：风暴洋、雨海、澄海和东部边缘陆地。从北纬 50°~60°之间主要是月海区。西部是风暴洋伸向北部陆地部分，叫露湾。露湾东部是东西走向的、非常著名的带形月海——冷海。它长达 1 500 千米，南北宽有 300 千米，总面积是 440 000 平方千米，仅次于风暴洋、雨海和静海，是月球上第四大月海。冷海两岸的地形十分复杂，两岸陆地的凹凸部分基本上能对应起来。冷海属于古老的月海，可能与澄海和静海是同龄海。

在海东部的月面边缘，还有一个很不引人注意的、孤独一处的月海，这就是洪堡德海。它是以德国自然科学史专家和探险家洪堡德（1769—1859）的

月球北部雨海

名字命名的。在 22 个月海的名称上，仅有 2 个用人名命名（另一个是史密斯海）。洪堡德海呈椭圆形，地处东经 75°~85°，北纬 54°~59° 之间，面积约 5 万平方千米。由于经天平动的影响，它时隐时现。有时，当它处在月轮边缘时，暗黑色的月海与天空背景融成一色，仿佛这里的月面缺少了一块似的。

冷海以北是完整的北极大陆，它与月球背面的北部形成一个整体。北极大陆有很多角开形的地形结构。一般说来，这里的环形山环壁比较低矮，有的环壁残缺不全，显现出古老的地形地势风貌。就整体而言，东部环形山比西部多，另一特点是，月海和月陆的边界极不明显，海的地势渐渐伸入到陆地，很像地球上海边广阔的浅滩。北部山脉和隆起地带的走向也格外复杂，完全不像南极地区那样呈南北走向。北极区是丘陵和环形山交织的区域，环形山的数量比南极区大约少一半，和月面中央区差不多。

最主要的环形山多在冷海北岸，位于北纬 50°~60° 之间，著名的环形山有：

柏拉图环形山：这是以古希腊哲学家柏拉图（前 427—前 347）的名字命名的。它位于雨海和冷海之间的月陆上，直径约 100 千米，属于古老的环形山。

亚里士多德环形山：以古希腊哲学家亚里士多德（前 383—前 322）的名字命名。它位于冷海南岸（东经 17°，北纬 50°），直径 87 千米。在农历每月初七至二十的月面上容易看到。

恩迪米昂环形山：这是以古希腊神话故事中的一名英俊的牧羊青年的名字命名的。它位于冷海和洪堡德海之间（东经 56°，北纬 54°），直径 125 千米，和周围的月面相比，环壁清晰，层次分明，显得特别突出。环形山底部和月海的色彩一样黑暗，通过天文望远镜观测极其明显。

加特纳环形山：这是以德国地质学家加特纳（1750—1813）的名字命名

的。它位于冷海东部的北岸（东经35°，北纬59°），直径102千米。它的特点是环形山的南部与冷海隔成一片，部分环壁难以看见，很像天然的港湾，和雨海的虹湾很相似。

索斯环形山：这是以英国天文学家索斯（1785—1867）的名字命名的。它位于露湾北岸（西经50°，北纬57°），直径98千米，和加特纳环形山一样，向海一边的环壁看不见。

康达迈恩环形山：这是以法国物理学家和天文学家康达迈恩（1704—1774）的名字命名的。它位于冷海和露湾的分界线上，在冷

柏拉图环形山

海的南岸（西经28°，北纬53°），直径37千米。由此往北的海面上，有很多凸起的小岛和环形山，这就是露湾和冷海的分界线。

在北纬60°~70°范围内较著名的环形山有：

赫歇耳环形山：这是以英国天文学家J·赫歇耳（1792—1871）的名字命名的。他和他的父亲一样，也是一位蜚声天文界的著名天文学家。该环形山位于索斯环形山的东北部（西经41°，北纬62°），直径156千米，环壁南边缘面向露湾海面。

毕达哥拉斯环形山：这是以公元前500年古希腊哲学家和天文学家毕达哥拉斯的名字命名的。它位于J·赫歇耳环形山之西（西经62°，北纬63°），直径128千米，在下弦月时清晰可见。

邦德环形山：以美国天文学家邦德（1789—1859）的名字命名。它的直径158千米，月面中央经线正穿过它（东经4°，北纬65°）；环壁低矮，看上去很像冷海北部的浅滩。

在北纬70°~80°的范围内较著名的环形山有：

巴罗环形山：这是以英国数学家巴罗（1630—1677）的名字命名的。它位于邦德环形山正北，直径93千米。

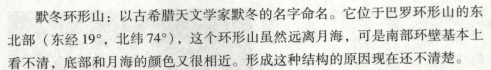

默冬环形山：以古希腊天文学家默冬的名字命名。它位于巴罗环形山的东北部（东经19°，北纬74°），这个环形山虽然远离月海，可是南部环壁基本上看不清，底部和月海的颜色又很相近。形成这种结构的原因现在还不清楚。

白劳德环形山：这是以法国天文学家白劳德（1848—1934）的名字命名的。它位于默冬环形山正东（东经37°，北纬74°），直径87千米。

戈尔德施密特环形山：这是以德国业余天文学家戈尔德施密特的名字命名的。它位于巴罗环形山西边（西经3°，北纬73°），中央经线正穿过这里，直径125千米。

阿诺萨戈腊斯环形山：以古希腊哲学家阿诺萨戈腊斯（前500—前428）的名字命名。它紧靠着戈尔德施密特环形山的西侧（西经10°，北纬70°），直径51千米；环壁较高，有明亮的辐射线，这在月面北部是很少有的，属于年轻的环形山。

月面北极点没有环形山。但在北极点附近有几个比较著名的环形山：

赫米特环形山：以法国数学家赫米特（1822—1901）的名字命名，位于北极点之西（西经88°，北纬86°），直径84千米；处在可见半球和不可见半球的分界线上，西经90°线正穿过它。

南森环形山：以挪威博学的地球北极探险家弗里德佐夫·南森（1861—1930）的名字命名。这位勇敢而聪明的探险家曾于1893年6月24日领导"先锋"北极探险队巧妙地把船和浮冰冻在一起，开始了北极之行。经过35个月的艰苦航行，他们到达地球北纬85°55′的最高纬度。为了纪念南森的顽强探索精神，把这座位于月面东经90°上的环形山（东经93°，北纬81°）命名为南森环形山。它直径110千米，也横跨在可见面和背面的交界线上。

伯德环形山：这是以美国海军上将和地球极地探险家理查德·E·伯德（1888—1957）的名字命名。伯德曾于1929年开始大量使用飞机进行极地探险。他先后领导5次南极探险。因此把月面北极附近的环形山（东经10°，北纬85°）用他的名字作为永久的纪念。中央经线正穿过该环形山的西边缘。

皮尔里环形山：是以美国的极地探险家皮尔里（1856—1920）的名字命名的。皮尔里曾两次横越格陵兰冰层，1900年他发现了格陵兰极北端的土地，现在称为皮尔里地。1906年他从埃尔斯米岛航行到了北纬87°06′的极地，离北极点只差274千米。1909年4月6日上午10时，他到达了北纬89°57′，创造了当时历史上的新纪录。为了纪念他卓越的功勋，把离月面北极点最近的环形山（东经30°，北纬88°）以他光辉的名字命名，以示纪念。这座环形山的直径是84千米。

由于投影的关系，从地球上看去，月球极地附近的环形山很不易见到。人类对月球极区的探索也还是很不够的，只是通过环绕月球运行的飞船拍下一些照片而已。极区还有很多不解之谜有待探索。

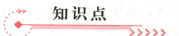

知识点

J·赫歇耳

J·赫歇耳（1792—1871），生于英国斯劳，1813年毕业于剑桥大学。先从事数学研究，1816年始继父亲威廉·赫歇耳事业，从事天文学研究。1820年受他父亲的委托，参与创建英国皇家天文学会工作。1821—1823年重新核对他父亲发现的双星，在观测中又发现双星3 347对。1825—1833年，在重新查核了他父亲发现的所有星云和星团的过程中，新发现星云和星团525个。1834—1838年在南非好望角，以3架6米焦距的望远镜进行南天观测，共记录了68 948个天体，包括恒星、星云、星团、双星，特别详细地描绘了猎户座大星云、大小麦哲伦云、哈雷彗星、土卫系统。1847年刊布南天观测结果，因此获得英国皇家学会的柯普莱奖章。1849年写成《天文学纲要》一书，综合当时天文学发展的最新成就，被译成多种文字出版。

延伸阅读

"恒星天文学之父"威廉·赫歇耳

威廉·赫歇耳（1738—1822），英国天文学家，音乐家。1738年生于德国，1758 年迁居英国。赫歇耳利用全部业余时间制作望远镜，经过千锤百炼，他终于成为制造望远镜的一代宗师，他一生磨制的反射镜面达 400 多块，还造成一架口径 1.22 米，镜筒长达 12 米的大型金属反射式望远镜。

1781 年，他利用自己制造的望远镜发现了太阳系中的第七颗行星——天王星，还发现了土星的两颗卫星和天王星的两颗卫星。1782 年，他编制成了第一个双星表，还发现了多数双星不是表面上的"光学双星"，而是真正的"物理双星"。1783 年，发现了太阳的自行，他得到的太阳运动方向和现代测量数据相差不到 10°。他先后 3 次出版星团、星云表，记录了 2 500 个星云和星团。他还是第一个确定了银河系形状大小和星数的人。

他开创了恒星天文学，他研究并假设某些星云是由恒星组成，提出著名的恒星演化学说，为恒星天文学的建立奠定了第一块基石，在天文学史上他被誉为"恒星天文学之父"。

月球中部的"特区"

所谓月球中部是这样划分的：在南、北纬 20° 和东、西经 20° 之间的月面，即东西和南北各 1 200 千米的月轮中心区。称这里为"特区"，一是因为这里是月轮东西南北 4 个半球特征的交织地区，地形和地势更为错综复杂，月陆、月海、山系、月湾、月溪、直壁、峭壁以及年轻和年老的环形山应有尽有；二是这里有月面坐标的起算点；三是与月轮的其他部分相比，这里的地形和地势基本上都以正面朝向地球；四是这里是人类直接探索最多的区域。

在月球中部的北面，地形复杂，地势险峻。月球上最长的阿尔卑斯山脉和海码斯山脉构成"人"字形从正北伸向这里。两座大山之间夹着一块平原，就是汽海。汽海的面积大约是 5 万平方千米，是月面中央区唯一独立的月海。阿尔卑斯山脉是风暴洋和汽海之间的屏障；海码斯山脉是澄海和汽海的分水岭。汽海之南和中央湾相通，中央湾又与它西部的暑湾相连，它们都是风暴洋伸向中部陆地的海域。中央湾，顾名思义，它地处月轮的中心区。希金努斯月溪处在中央湾和汽海之间的海面上，长约 200 千米，宽约 5 千米。长约 230 千米，宽约 5 千米的阿里亚代斯月溪使中央湾与东部的静海隔陆相连。中央湾的东部和南部全是陆地。"特区"西部海岸的海陆交错，形成许多湾、角、岛与半岛等地形。就整个中部地势来说，构成了东高西低的月貌。

这里的环形山虽然不多，但是环形山的类型不少，"老中青"俱全。

托勒密环形山：这是以古希腊著名的天文学家托勒密（约90—168）的名字命名的。它位于南部高地上，直径约150千米，环壁高2 400米，属于较为古老的环形山。通过天文望远镜看去，它像一个巨大的环形盆地，里面十分平坦。然而在最佳的观测条件下，已经发现它上面有几百个小的环形山，直径都在600米以上。很明显，这些小环形山都比托勒密环形山年轻，属于后生的"小字辈"。有人推测，托勒密环形山形成的时代为月面大多数环形山形成的时期。

阿尔芬斯环形山：这是以西班牙一位热爱天文学的国王阿尔芬斯（1223—1284）的名字命名的。它直径约120千米，环壁高2 730米，紧挨在托勒密环形山的南侧。阿尔芬斯环形山的底部有中央丘，右边有2条像月溪似的裂缝。在1955、1957、1958、1961、1963、1969年曾有人观测到阿尔芬斯环形山有明暗和色彩的变化，这是由于该环形山有火山活动，从月球内部喷出的气体而形成的。最有意义的是1958年11月2日至3日的夜间，前苏联天文学家柯齐列夫在克里米亚天体物理天文台发现阿尔芬斯环形山的中央丘有明暗变化，并立即拍下了它的光谱照片。这说明月球并不是一个"平静"的世界，而是一个仍有火山活动的天体。

托勒密

喜帕恰斯环形山：这是以古希腊的天文学家和数学家喜帕恰斯（约前190—前125）的名字命名的。它位于托勒密环形山的东北方，直径150千米，和托勒密环形山的大小差不多，但是它的环壁较高，为3 300米。

阿尔巴泰尼环形山：这是以阿拉伯天文学家阿尔巴泰尼（850—929）的名字命名的。它位于托勒密环形山之东，喜帕恰斯环形山之南；直径136千米，具有明显的中央丘，环壁非常明显。环壁内的西侧有一个较小的环形山，叫克莱思环形山。这是以德国月面学家克莱恩（1844—1914）的名字命名的，直径 44 千米，环壁高 1 460 米。

弗拉马利翁环形山：这是以法国天文学家和天文普及家弗拉马利翁（1842—1925）的名字命名的。它位于托勒密环形山之北，非常靠近月面的中心点，直径 75 千米。这个环形山本身没有什么可引人注意的地方，然而在它的西环壁上有一个小而清晰的环形山，它就是素有盛名的默斯丁 A 环形山。

默斯丁 A 环形山：它的精确位置为西经 5°09′50″，南纬 3°10′47″。它的直径为 13 千米，环壁高 2 700 米，并具有 50 千米长的辐射线，是一座年轻型的环形山。它清晰明亮的外形像镶在弗拉马利翁环形山的一颗珍珠。人们常借助它来定月面坐标的中心点。

默斯丁环形山：这是以丹麦的政治家默斯丁（1759—1843）的名字命名的。它位于默斯丁 A 环形山的北面，直径 26 千米，环壁高 2 700 米。

拉兰德环形山：这是以法国天文学家拉兰德（1732—1807）的名字命名的。它位于弗拉马利翁环形山之西的风暴洋洋面上，直径 24 千米，环壁高 2 600 米，有直径 320 千米的辐射线，也属于年轻型的环形山。

赫歇耳环形山：这是以英国著名的天文学家 W·赫歇耳（1738—1822）的名字命名的。它位于托勒密环形山的正北，这两座环形山的环壁有一部分紧紧连在一起，直径 41 千米，和托勒密环形山相比，显得很小。然而它峻峭突起，环壁高 3 800 米。

对中央区的探测：为了实现登月计划，美国宇航局于 1960—1961 年就提出两项对月球不载人的空间探测计划。这就是后来发射的"徘徊者"号和"探测者"号探测器。从 1961 年 8 月至 1965 年 3 月，共发射 9 个"徘徊者"探测器，其中第 6、7、8 号降落在中央区的两旁，9 号降落在阿尔芬斯环形山内，因此它捷足先登，成为第一个直接探测环形山内的人类使者。"徘徊者"9 号发回 5 814 幅近距月面照片，具有很高的清晰度，比用地球上最好的天文望远镜拍照的月面要清晰 2 000 倍。

从 1966 年 5 月至 1968 年 1 月，美国又发射了 7 个"探测者"号探测器，主要是为载人登月飞船解决软着陆的问题。这其中有 3 个降落在中央区，2 号和 4 号基本失败，6 号获得成功。4 号和 6 号就降落在月面中心点西北 30 千米的中央湾海面上。6 号探测器不仅发回了月面环境的电视图像，而且小型掘土机和化验室对月壤进行了分析，为以后"阿波罗"载人登月做了充分的准备。

由于月球总以同一面向着地球，月面中央区又是以其正面对着地球，因此，将来人类进一步登上月球，也会把大本营的基地建立在月面中央区。

知识点

托勒密

托勒密（约90—168），史料上关于他的生平记录很少，相传他生于埃及的一个希腊化城市赫勒热斯蒂克。是古希腊天文学家、地理学家和光学家。

他曾在亚历山大城居住和工作，一生著述甚多。其中《天文学大成》（13卷），是根据喜帕恰斯的研究成果写成的一部西方古典天文学百科全书，确定了一年的持续时间，编制了星表，说明旋进、折射引起的修正，给出日月食的计算方法等。书中主要论述宇宙的地心体系，认为地球居于中心，日、月、行星和恒星围绕着它运行。此书在中世纪被尊为天文学的标准著作，直到16世纪中哥白尼的日心说发表，地心说才被推翻。

延伸阅读

月面辐射纹

月面上最耐人寻味的秘密之一，是一些较"年轻"的环形山周围常带有美丽的"辐射纹"。所谓辐射纹，指的是从一些较大的环形山，像第谷、哥白尼、开普勒等环形山，向四面八方延伸开去的亮线状构造。它几乎以笔直的方向穿过山系、月海和环形山。第谷环形山的辐射纹特别引人注目，至少有12条，而且在满月时看起来非常明亮，最长的一条长1 800千米，一直延伸到月背部分。哥白尼和开普勒两个环形山也有相当美丽的辐射纹。部分小环形山也有辐射纹。据统计，具有辐射纹的环形山有50个。

迄今还无法说清楚这些辐射纹最初是怎么形成的，或者阐述明白它们究竟是由什么东西组成的。实质上，它与环形山的形成理论有密切联系。一般都是这样认为的：陨星撞击月面而形成环形山的同时，把原先在环形山口内的一部分物质向四面八方溅射开去，而后回落到月面，形成辐射纹。

环形山、月陆、山脉与火山

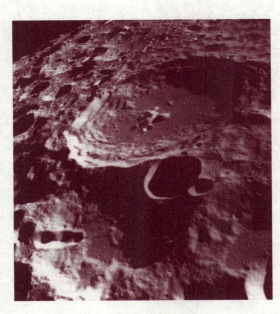

月球上的环行山

月球表面的最大特征是布满着大小不等的环形山。环形山这个名字是伽利略起的。它是月面的显著特征，几乎布满了整个月面。较大的环形山是南极附近的贝利环形山，直径295千米，比海南岛还大一点。以月球环形山"亚军"克拉维环形山来说，如果有位探险者站在这个直径230多千米的环形山中央，他只会看到四周的"月平线"（月球上的地平线自然该称作月平线），而看不到环形山的环壁。小的环形山甚至可能是一个几十厘米的坑洞。直径不小于1 000米的环形山大约有33 000个，占月面表面积的7% ~ 10%。

有个日本学者在1969年提出一个环形山分类法，分为克拉维型（古老的环形山，一般都面目全非，有的还山中有山）、哥白尼型（年轻的环形山，常有"辐射纹"，内壁一般带有同心圆状的段丘，中央一般有中央峰）、阿基米德型（环壁较低，可能从哥白尼型演变而来）、碗型和酒窝型（小型环形山，有的直径不到 1 米）。

科学家正努力工作，想找出形成环形山的真正原因。有人相信，一些小的环形山口可能是月球形成阶段火山活动的结果。1958 年和 1959 年，有天文学家报道说，他观测到了从阿尔卑斯环形山内喷发出气体的现象。如果他的观测结果是可靠的，那就不仅说明月球内部是炽热的而且处于气体状态，还足以表明月球面上存在火山活动的可能性是很大的。

因为只有少量环形山的形态与地球上的火山口相像，不少人相信多数环形山是由于从空间来的大陨星猛烈撞击月面而留下的痕迹。有的科学家认为，一个陨星以一定的角度袭击月球而形成椭圆状的环形山，由于撞击产生的高温而使环形山变成圆形。另外的科学家提出争辩意见，认为陨星不管以什么角度撞击月面，形成的环形山都应该是圆形的。绝大多数环形山确实也都是圆形的。

能产生大环形山的陨星，应该是相当大的，所引起的那种类似爆炸的现象，比现在威力最强的原子弹也许还要强好几千倍。月球是经常不断地被这类大大小小的陨星撞击着的。

地球也经常受到陨星的撞击。不同的是，当一个陨星闯入到比较浓密的大气层时，由于与大气分子相撞而产生的热，使陨星燃烧、气化而成为尘埃。在这过程中，陨星发亮而被我们看到，这就是流星。有时候，陨星体比较大，其烧剩的部分落到地球上来，或者是一块铁质般的物体，或许是石质的，这主要根据陨星本身的性质而定，这就是一般所说的陨星或叫陨石。

月球周围没有大气，陨星就有可能全力撞击月球而不受到任何阻碍，从而在月面上撞出一片比较大的凹陷地。

地球上的风和雨在不停地侵蚀地球表面，使它改变面貌，并逐渐抹掉地质现象，为地球留下痕迹。月球是没有这种风和水的侵蚀作用的。因此，月面上一旦留下什么痕迹，就永远保持原样。

可以这么说，自从望远镜发明以来的 400 年间，还没有看到过在月面上形成新的、足够大的环形山。我们可以得出这样的结论，在最近几百年里乃至几千年里，月球受到陨星、特别是大陨星袭击的几率，远没有它在早期受到的那么多。

月陆是月面隆起的古老的高地，平均高出月海 2～3 千米。对着地球这半球上的月陆占这半球面积的 70%。月球背面的月陆则占另一半球面积的97.5%。月陆主要由浅色的斜长岩组成。月陆的反光率约为 17%，因此看上去要比月海明亮得多。在月球正面，月陆的面积大致与月海相等，但在月球背面，月陆的面积要比月海大得多。从同位素测定知道月陆比月海古老得多，是月球上最古老的地形特征。

在月球上，除了犬牙交差的众多环形山外，也存在着一些与地球上相似的山脉。月球上的山脉常借用地球上的山脉名，如阿尔卑斯山脉、高加索山脉等等，其中最长的山脉为亚平宁山脉，绵延 1 000 千米，但高度不过比月海水平面高三四千米。山脉上也有些峻岭山峰，过去对它们的高度估计偏高，现在认为大多数山峰高度与地球山峰高度相仿，最高的山峰（亦在月球南极附近）也不过 9 000 米和 8 000 米。月面上 6 000 米以上的山峰有 6 个，5 000 ~ 6 000 米 20 个，4 000 ~ 5 000 米则有 80 个，1 000 米以上的有 200 个。月球上的山脉有一个普遍特征：两边的坡度很不对称，向海的一边坡度甚大，有时为断崖状，另一侧则相当平缓。

除了山脉和山群外，月面上还有 4 座长达数百千米的峭壁悬崖，其中 3 座突出在月海中，这种峭壁也称"月堑"。

月球的表面被巨大的玄武熔岩（火山熔岩）层所覆盖。早期的天文学家认为，月球表面的阴暗区是广阔的海洋，因此，他们称之为"mare"，这一词在拉丁语中的意思就是"大海"，当然这是错误的，这些阴暗区其实是由玄武熔岩构成的平原地带。除了玄武熔岩构造，月球的阴暗区还存在其他火山特征，例如蜿蜒的月面沟纹、黑色的沉积物、火山圆顶和火山锥。不过，这些特征都不显著，只是月球表面火山痕迹的一小部分。

与地球火山相比，月球火山可谓老态龙钟。大部分月球火山的年龄在 30 亿 ~ 40 亿年之间；典型的阴暗区平原，年龄为 35 亿年；最年轻的月球火山也有 1 亿年的历史。而在地质年代中，地球火山属于青年时期，一般年龄皆小于 10 万年。地球上最古老的岩层只有 3.9 亿年的历史，年龄最大的海底玄武岩仅有 200 万岁。年轻的地球火山仍然十分活跃，而月球却没有任何新近的火山和地质活动迹象，因此，天文学家称月球是"熄灭了"的星球。

地球火山多呈链状分布。例如安第斯山脉，火山链勾勒出一个岩石圈板块的边缘；夏威夷岛上的山脉链，则显示板块活动的热区。月球上没有板块构造的迹象。典型的月球火山多出现在巨大古老的冲击坑底部。因此，大部分月球阴暗区都呈圆形外观。冲击盆地的边缘往往环绕着山脉，包围着阴暗区。

月球阴暗区主要出现在月球较远的一侧，几乎覆盖了这一侧 1/3 的面积；而在较远一侧，阴暗区的面积仅占 2%。然而，较远一侧的地势相对更高，月壳也较厚。由此可见，控制月球火山作用的主要因素是月表高度和月壳厚度。

月球的月心引力仅为地球的 1/6，这意味着月球火山熔岩的流动阻力较地球更小，熔岩行进更为流畅。这就可以解释为什么月球阴暗区的表面大都平坦而光滑。同时，流畅的熔岩流很容易扩散开，因而形成巨大的玄武岩平原。此外，月心引力小，使得喷发出的火山灰碎片能够落得更远。因此，月球火山的喷发，只形成了宽阔平坦的熔岩平原，而非类似地球形态的火山锥。这也是月球上没有发现大型火山的原因之一。

月球阴暗区

月球上没有溶解的水，月球阴暗区是完全干涸的。而水在地球熔岩中是最常见的气体，是激起地球火山强烈喷发的重要因素之一。因此，科学家认为，缺乏水分也对月球火山活动产生巨大影响。具体地说，没有水，月球火山的喷发就不会那么强烈，熔岩或许仅仅是平静流畅地涌出地面。

知识点 ▶▶▶▶

伽利略

伽利略（1564—1642），意大利物理学家、天文学家和哲学家，近代实验科学的先驱者，被誉为"近代科学之父"。他是为维护真理而进行不屈不挠斗争的战士。他首先提出并证明了同物质同形状的两个重量不同的物体下降速度一样快，他反对教会的陈规旧俗，由此，他晚年受到教会迫害，并被终身监禁。他以系统的实验和观察推翻了亚里士多德诸多观点。他改进望远镜和其所带来的天文观测，以及支持哥白尼的日心说。当时，人们争相传颂："哥伦布发现了新大陆，伽利略发现了新宇宙。"今天，英国科学天才史蒂芬·霍金说："自然科学的诞生要归功于伽利略，他这方面的功劳大概无人能及。"

延伸阅读

世界上第一张月面图

1609 年，伽利略自己动手，制作出了放大 32 倍的光学望远镜。这种望远镜由 2 个镜头组成，物镜大一些，目镜小一些。光线从物镜进入，出现物像的倒影，光线通过第二个镜头后，发生折射现象，使光线变成平行，眼睛看到放大了的物像，但是倒影。这种折射式望远镜有一个缺点，即物像有些模糊。

1609 年 12 月的一天，当伽利略将望远镜对准月球这个离地球最近的天体时，令他惊异的是，他看到月球竟然是一个崎岖不平、坑坑洼洼的世界，上面有高耸的山脉、广阔的洼地，还看到了奇特的像火山口那样的环形山。在这之前，人们一直认为月亮表面是冰清玉洁般的光滑，望远镜使人类第一次看到了月球的真实面貌。

伽利略根据自己的观测，画了一个月面图，这个图成为世界上第一幅月面图。伽利略首次给月亮上的两条大山脉起名，用自己祖国的两座大山名称——亚平宁山脉和阿尔卑斯山脉来命名月球山脉。从此以后，月面上的许多山脉与高山照例用地球上的山来命名。

1645 年比利时数学家、博物学家朗格林诺斯发表了他画的月面图，在图上标有 322 个地形物，他把暗的区域叫做"海"，把亮的区域叫做大陆，这种称谓沿用至今。

1668 年英国科学家伊萨克·牛顿（1642—1727）发明了反射望远镜，它的物镜由一个抛物面或双曲面形的凹面镜组成，光线由凹面镜反射后，经一个小平面镜反射出来，由目镜进行观测。反射望远镜克服了折射望远镜物像模糊的缺点，使对月面的观察更前进了一步。进入18世纪以后，随着天文望远镜的发展，人类对月面的了解则更为深入。

月海、月坑、月谷和月溪

所谓月海，其实就是我们从地球上看到的暗色的区域，主要由玄武岩组成。因为玄武岩的反射率平均只有6%，当阳光照射时，它吸收了94%的阳光，所以看上去比周围月陆区要暗一些。月海就是月球上广大的平原或开阔地，或者说，只是些覆盖着尘埃的沙漠。

现在已知整个月球表面有22个月海，此外还有些地形称为"月海"或"类月海"的。公认的22个月海绝大多数分布在月球正面。月球背面的月海少而小，有三四个在边缘地区。在正面的月海面积略大于50%，其中最大的"风暴洋"面积约500万平方千米，差不多是9个法国的面积总和。大多数月海大致呈圆形、椭圆形，且四周多为一些山脉封闭住，但也有一些海是连成一片的。除了"海"以外，还有5个地形与之类似的"湖"——梦湖、死湖、夏湖、秋湖、春湖，但有的湖比海还大，比如梦湖面积7万平方千米，比汽海等还大得多。月海伸向陆地的部分称为"湾"和"沼"，都分布在正面。湾有5个：露湾、暑湾、中央湾、虹湾、眉月湾；沼有腐沼、疫沼、梦沼3个，其实沼和湾没什么区别。

向着地球这面有19个月海，分别是：风暴洋、雨海、澄海、静海、丰富海、酒海、危海、冷海、史密斯海、云海、汽海、湿海、洪堡德海、蛇海、泡海、浪海、界海、地海和知海。月球背面有3个月海：东海、莫斯科海和智海。

月海的地势一般较低，类似地球上的盆地。月海比月球平均水准面低一两千米，个别最低的海如雨海的东南部甚至比周围低6 000米。月面的返照率（一种量度反射太阳光本领的物理量）也比较低，因而看起来显得较黑。

早期用简陋望远镜观测月球的天文学家们，不了解月球实际上是个无生命、无水的天体，相反，他们推测月球应该与地球一样，部分表面覆盖着海洋和江湖河沼等水面。尽管如此，科学家们同意保留当初定下的"海"这个现在看来不那么确切的名称。不过，在月球演化史早期的某个阶段，那时，它刚形成不久，这些"海"里可能确实充满着处于熔融状的岩浆。

由于月海比较平坦、开阔而有回旋余地，而不像崎岖的山地那样容易发生事故，第一艘载人登月飞行的"阿波罗"11号所携带的"鹰"登月舱，就是选择静海作为着陆点的。

月球上，以卫星看，常会看到月球上有许多大大小小、坑坑洼洼的凹坑，称之为月坑。那月坑是由小行星撞击，或月球表面的火山喷发引起的。

月球表面有许多圆形凹坑构造，称为月坑。月坑大小不一，小的直径只有几十厘米甚至更小，大的直径达200多千米。估计月面上直径大于1 000千米的月坑总数在3.3万个以上。月坑的形态和构造多样，有些月坑只是一个浅的凹坑，有的月坑周围是环形山，有的月坑中央有山峰或峰群，有的四周有辐射纹。大多数月坑周围环绕着高出月面的环形山，高度在300~7 000米之间。月坑底部一般很平坦，深度约几十米到6千米不等。多数月坑是陨石撞击形成的，而且有不同的形成年龄，也有的可能是火山成因的。最大的几个月坑是克拉维月坑（直径240千米）、贝利月坑（直径295千米）和牛顿月坑（直径230千米）。

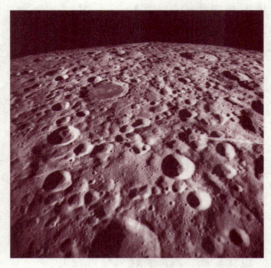

月　坑

月坑是如何形成的呢？有两种流行的解释：其一是由于陨星碰撞月球形成的，其二是由火山爆发形成的。大量的研究数据表明，这两种方式都可形成月坑（环形山），但其中80%以上是由撞击作用形成的，不到20%的月坑可能是由月球火山爆发形成的。大的环形山多是小天体碰撞的产物。

陨星撞击是形成月坑的主要原因。在星际空间游荡的石块——陨星体——遇上了月球后，受月球引力吸引撞向月球，由于月球表面没有大气，陨星体可以长驱直入，毫无阻拦地冲向月面。在陨星和月面撞击的瞬间，巨大的动能转化热能，温度急剧升高，引起爆炸，从而形成坑穴，而且坑穴的范围比撞击它的陨星要大得多。爆炸时物质向四面八方飞溅，落回月面便堆砌成环形山。有些环形山中间凹下去的体积大致等于四周环壁的体积，这是对陨星碰撞说的强烈支持。我们地球多亏有大气层的保护，大多数与地球相遇的陨星已在大气层中烧成灰烬，即使有部分较大的陨星或它的残留体能到达地面，也已被大大减速，撞击的猛烈程度大大降低，这样，地球才得以免遭陨星频繁而猛烈的"轰炸"。除了陨星撞击形成月坑外，另一方面，人们也曾经观测到个别的环形坑偶然有少量的气体逸出，似乎是活火山，这支持了有些月坑是由火山爆发形成的这种解释。

在月球表面不少地区还可以看到一些暗色的大裂缝，弯弯曲曲绵延数百千米，宽达几千米，甚至几十千米，看起来很像地球上的沟谷，这种地貌类型中较宽的被称为月谷，较细长的被称为月溪。在雨海东部平原上的哈德利月溪，是月面上最清晰的弯曲月溪之一，它位于"阿波罗"15号飞船的着陆点附近，因此人们对它研究得最为清楚。哈德利月溪长度超过100千米，宽1.5千米，溪底深度达400米。该月溪两壁岩石露头非常新鲜，很好地展现了月球表面的物质构成和构造演化史。从剖面来看，其上部是月表土壤，厚达5米，其下是不同厚度的岩块和碎屑角砾层，它们是由不同时期的撞击作用或火山作用形成的，再下是山麓堆积物和坚硬而完整的基岩。

美国宇航员在月球上采集岩石

通过对月谷和月溪影像的详细分析、实地考察和岩石样品的分析研究，科学家认为，月谷和月溪有多种形成方式：与地球上 V 形谷相似的月谷和弯曲的月溪，可能在大约 40 亿年前，即月球形成的早期，由水的流动造成的；有的月溪和月谷也可能是因火山爆发产生的熔岩流的流动形成的；还有些月溪月谷是陨星撞击月表时留下的辐射线的残余；个别月溪月谷甚至是许多小月坑成排分布造成的裂缝，如月面中央著名的希金努斯裂隙。

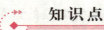 知识点 >>>>>

陨 星

陨星是从行星际空间穿过地球大气层而陨落到地球表面上的天然固态物体。大约 92.8% 的陨星的主要成分是二氧化硅（也就是普通岩石），5.7% 是铁和镍，其他的陨石是这 3 种物质的混合物。含石量大的陨星称为陨石，含铁量大的陨星称为陨铁。

因为陨石与地球岩石非常相似，所以一般较难辨别。除肉眼难见的微陨星外，92% 以上都以石质为主。按其成分大致可分陨石、陨铁、陨铁石 3 大类。陨石的平均密度在 3～3.5 克/立方厘米之间，主要成分是硅酸盐；陨铁密度在 7.5～8.0 克/立方厘米之间，主要由铁、镍组成；陨铁石成分介于两者之间，密度在 5.5～6.0 克/立方厘米之间。1958 年又发现了第四类陨星——陨冰，外表与普通冰区别甚小，落地后很快融化，故确认才会这么晚。

 延伸阅读

张若虚《春江花月夜》

春江潮水连海平，海上明月共潮生。滟滟随波千万里，何处春江无月明？
江流宛转绕芳甸，月照花林皆似霰。空里流霜不觉飞，汀上白沙看不见。

江天一色无纤尘，皎皎空中孤月轮。江畔何人初见月？江月何年初照人？
人生代代无穷已，江月年年只相似。不知江月待何人，但见长江送流水。
白云一片去悠悠，青枫浦上不胜愁。谁家今夜扁舟子？何处相思明月楼？
可怜楼上月徘徊，应照离人妆镜台。玉户帘中卷不去，捣衣砧上拂还来。
此时相望不相闻，愿逐月华流照君。鸿雁长飞光不度，鱼龙潜跃水成文。
昨夜闲潭梦落花，可怜春半不还家。江水流春去欲尽，江潭落月复西斜。
斜月沉沉藏海雾，碣石潇湘无限路。不知乘月几人归？落花摇情满江树。

月球上的风暴洋

　　唐代大诗人杜甫在描述月亮时写道："斫却月中桂，清光应更多。"神话故事中的月中桂树，主要就是指月面左边的黑暗部分，即月海区，风暴洋就在这个区域。风暴洋这个名称听起来很可怕，其实这里既无风暴，更不像地球上烟波浩渺的汪洋，名不符实。它只是月面上宁静而辽阔的平原，而且是月面上最大的平原，唯一的"洋"。

　　农历每月十五以后，才能看到风暴洋的全貌。通过天文望远镜观察，风暴洋和月面西部的雨海、知海、湿海和云海及北部的冷海相通，构成一幅极其浩瀚的壮观图景。整个西部"海域"和东部零散分布的月海形成鲜明的对比。西部"海域"的特征一是面积大，是东部月海面积的 3 倍左右，占西部月面约 3/4；二是个数少，只有 5 个；三是以风暴洋为中心，连成一片。

　　风暴洋的位置处于大约北纬 60°至南纬 20°，西经 85°至东经 10°之间；南北向最大距离约 2 400 千米，东西向最大距离约 2 900 千米；整个面积约 500 万平方千米，比其他所有月海面积之和还大一些。风暴洋的东北部和环形的雨海相通，北面的露湾和冷海相连。露湾的面积约 20 多万平方千米，比危海的面积还大；东岸一直延伸到月面的中央区，那里有中央湾和暑湾。南部的知海、湿海和云海连在一起，形成与南部著名的山区相毗邻的格局；整个西部洋岸错综复杂，各种形态的半岛和岛屿显现出典型的海洋特征。

　　风暴洋以千姿百态的地势风貌给天文观测者留下深刻的印象。它的地势特征可以归纳如下。

风暴洋

第一，风暴洋中的岛屿甚多。以北纬约10°，西经约20°的哥白尼环形山为中心的周围就是一个引人注目的大岛，大约有20万平方千米；在该岛西边不远的地方，又有一个以开普勒环形山为中心的奇形怪状的岛。在这个岛周围还伴有很多小岛；在风暴洋和雨海相通的洋面上有一个近似长方形的岛屿，该岛上也有一个著名的环形山，叫阿列斯塔克；西岸附近的小岛更是星罗棋布。在风暴洋和知海之间矗立着长达200多千米的里菲山脉，它像一座拔地而起的洋和海的分水岭。

第二，具有明亮辐射纹长的环形山最多。观赏明月，人们常被月面几处具有明亮辐射纹的亮斑所吸引。这些辐射纹的中心亮斑就是环形山，最清晰的就是云海之南的第谷环形山。在风暴洋中还有3处这样的环形山，它们是哥白尼环形山、开普勒环形山和阿列斯塔克环形山。这些美丽的辐射纹在暗灰色洋面背景衬托下，显得格外迷人，像3颗明珠，在强烈的阳光下光彩夺目。哥白尼环形山直径90千米，辐射纹直径约1 200千米。由于它位于月面中心附近，辐射纹显得特别清楚。美国发射的探月飞船拍下了许多照片，原来辐射纹上还存在许多小环形山，环壁中间有隆起的中央丘。开普勒环形山的直径约32千米，辐射纹长约640千米。阿列斯塔克环形山直径约40千米，辐射纹长约430千米，它以有时发出奇异的光辉而闻名。1958年前苏联天文学家柯齐列夫曾拍下它发出粉红色光辉的光谱照片。1969年7月21日，美国"阿波罗"11号载人飞船在环绕月球运行时，宇航员阿姆斯特朗恰好发现它发出荧光。至于为什么会发出短时的奇异光辉，现在尚无确切的解释。有人认为是从环形山内喷出的气体，有的则认为是由于太阳上射出的质子流引起的。

第三，风暴洋及其内部的各种地势，应与雨海、知海、湿海和云海看成一个演化整体。当然，它们形成或许有先后之分，但是，作为相通的近邻，又必有其内在的演化联系。比如，风暴洋的西部和南部就存在明显的陆地和海洋之间的过渡地带。根据测量表明，陆区的月壳厚度约为 40~60 千米，海区的月壳厚度约在 20 千米以下，过渡带的月壳厚度一般在 30~40 千米之间。湿海和云海等于是风暴洋伸向南部陆地的近海，它们的岸边地势非常复杂。云海东部海面有长约 200 千米的直壁，西南边缘有疫沼和长 280 多千米的赫西奥杜斯月溪，西岸有长 200 千米、宽 5 千米的伊巴勒月溪。湿海比月球平均水准面低 5 200 米，西岸有 200 多千米长的利比克峭壁。

第四，风暴洋周围著名的环形山最多。在东岸有托勒密环形山、阿尔芬斯环形山、阿尔札赫环形山；西部有加桑迪环形山、列特龙环形山、格里马第环形山、里希奥利环形山、赫韦斯环形山、卡达努斯环形山、克拉夫特环形山和罗素环形山。西北部有毕达哥拉斯环形山。处在正面和背面分界线上的有爱因斯坦环形山。处在西部洋面上的还有伽利略环形山。

对风暴洋的探测：1969 年 11 月 19 日，美国"阿波罗"12 号载人飞船在风暴洋洋面（西经 23°20′，南纬 3°02′）着陆，距离 1967 年 4 月 19 日美国发射到月面的"勘测者"3 号仅 180 米远。宇航员在月面活动两次，共 7 小时 53 分钟。活动离登月舱最远达 900 米，带回 59 千克月壤和月尘的样品。其结晶岩石主要为玄武岩，这是月海的共同特征。鉴定表明：风暴洋的玄武岩是目前已知几个月海中最年轻的。从目前已取得的岩石样品测定：静海玄武岩年龄在 35 亿~38 亿年；澄海玄武岩年龄在 37 亿~37.9 亿年；丰富海玄武岩年龄在 34.5 亿年；雨海玄武岩年龄在 33 亿~34.5 亿年；风暴洋玄武岩年龄在 32 亿~33 亿年。

1971 年 2 月 4 日，美国"阿波罗"14 号载人飞船在风暴洋中的高地（西经 17°27′，南纬 3°40′）上的弗拉摩洛环形山以北，哥白尼环形山以南约 390 千米处着陆。宇航员在月面活动 8 小时 54 分，最远活动范围为 3.6 千米。使用手推车在 3 个地方采集了样品：着陆区西面的平原；高 100 米山脊上的月壤；一个直径为 340 米的较年轻的环形山喷发出的沉积物。带回的 50 千克岩石和月壤样品中，大多数为长石质的角砾岩，它们充分显示出受冲击和热效应的特征。着陆区的月壤层厚 8.5 米，不仅有颗粒形的表土，还有因受冲击而形成的玻璃球粒。

总之，风暴洋不仅以大而显赫，更以地形多样、地势复杂而闻名。对风暴洋的探测和研究，将有助于人类对月球起源和演化的进一步认识。

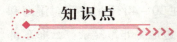

知 识 点

半　岛

半岛是指伸入海洋或湖泊，一面同大陆相连，其余三面被水包围的陆地。从分布特点看，世界主要的半岛都在大陆的边缘地带。欧洲海岸曲折，有众多的半岛，素有"半岛的大陆"之称。大的半岛主要受地质构造断陷作用而成，如中国的辽东半岛、山东半岛、雷州半岛等。此外，由于沿岸泥沙流携带泥沙由陆向岛堆积，或岛屿受海浪侵蚀使碎屑物质由岛向陆堆积，逐渐使岛与大陆相连，形成陆连岛，如中国山东省芝罘岛。半岛的主要特点是水陆兼备，如果配合其他条件良好，就会成为人们所说的半岛优势圈。

延伸阅读

世界最大的半岛

阿拉伯半岛位于亚洲和非洲之间，它从中东向东南方伸入印度洋。半岛南北长约 2 240 千米，东西宽约 1 200～1 900 千米，总面积达 322 万平方千米，是世界最大的半岛。半岛上聚集了多个国家，其中最大的为沙特阿拉伯，占了半岛的 3/4。向西与非洲的边界是苏伊士运河、红海和曼德海峡，向南伸入阿拉伯海和印度洋，向东与伊朗隔波斯湾与阿曼湾相望。

"阿拉伯"一词是"沙漠"之意。阿拉伯半岛常年受副高及信风带控制，非常干燥，几乎整个半岛都是热带沙漠气候区并有面积较大的无流区，该区有七个无流国。农耕时只能用地下水。炎热干燥的气候形成了大片沙漠，沙漠面积约占总面积的 1/3。半岛上农产品很少，人民主要以牧业为生，多数放养骆驼。当地出产的阿拉伯马和阿拉伯骆驼在世界上很有名。

月球上的雨海

遥望明月，在圆圆的月面左上方，有一片近似圆形的暗灰色区域，被称为雨海。当然，月球上没有大气和水，因此，这里不是名符其实的"雨海"，而只是月球上的平原。"雨海"这一美称是意大利天文学家里希奥利于 1651 年命名的，至今已有 300 多年的历史了。它以典型的环形结构和复杂的地势而闻名。

通过天文望远镜，我们可以清晰地看到雨海恰似一个巨大的圆形广场。虽然伽利略没有绘出这部分月面图，但是，在 1643 年波兰天文学家赫韦斯画的月面图上，就十分清楚地画出了雨海的位置、形状和周围的环境特征。雨海位于月面的西北部，大约在北纬 15°～50°，东经 10°至西经 40°之间。它的北面隔着一条高地与东西走向的冷海为邻；东边地势起伏很大，山高谷深，峭壁悬崖，由弗雷斯内尔海角与澄海相通；南部同以著名的哥白尼环形山为中心的高地和伸向陆地的暑湾毗连；西侧主要同浩瀚的风暴洋相连，一眼望去，雨海像是风暴洋的一个海湾。从字义上看，这里的自然环境似乎十分恶劣，好像处在暴风骤雨袭击之下，其实，这里仍是万籁俱寂。

雨海的总面积大约为 887 000 平方千米，比我国青海省的面积稍大一点。在 22 个月海中，面积仅次于风暴洋，居第二位。它和风暴洋、澄海、静海、云海、酒海和知海构成月海带，并以典型的环形月海著称。

雨海从地形的角度看是封闭的圆环形，它被群山环抱，是一个典型的盆地结构。它的东北部有阿尔卑斯山脉；东边有高加索山脉和亚平宁山脉；南面有喀尔巴阡山脉；西部虽然与风暴洋连成一片，但是有较小的前驱山脉；西北方有朱拉山脉；正北有直列山脉和泰纳里夫山脉；在东部海中有斯皮兹柏金西斯山脉。目前已知整个月球上共有 15 条山脉，而雨海周围就有 9 条，这在月海中是独一无二的。因此，有些科学家联想到地球上太平洋周围也有断断续续的山脉环绕，从而探索类地天体构造的共同规律。

雨海和它周围的地势构成了一个整体。如果通过天文望远镜直接观察雨海的东岸，这里的地势会使人有错综复杂之感。弗雷斯纳尔海角将隔开雨海和澄海的大山脉拦腰割断，北段就是高加索山脉，南段就是亚平宁山脉，从而使雨

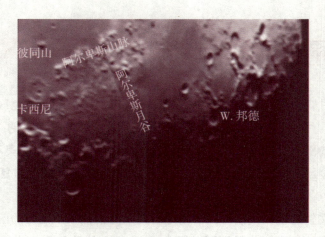

月球上的阿尔卑斯山脉

海和澄海相通。雄伟的亚平宁山脉长 640 千米，是月球上最大的山脉。向着雨海的一侧坡度陡急，形成悬崖峭壁，高出雨海 3 000 多米，而向外一侧则比较平缓。1971 年 7 月 26 日美国发射的"阿波罗"15 号宇宙飞船的登月舱就降落在亚平宁山脉北部哈德利山西侧的哈德利峡谷。这是到现在为止，人类登上离月球赤道最远的地区，大约在北纬 26°26′。宇航员们第一次驾驶着机动的月球车在这里考察，并爬到高耸的亚平宁山山坡，采集了一批岩石和土壤，为进一步研究月陆和月海的变迁带回了可靠的样品。

月面上还有一些蜿蜒数百千米长、几千米宽的大裂缝，看起来很像地球上的沟壑或谷地，较宽的称为月谷，较窄的称为月溪。雨海这里既有月谷，又有月溪。在"阿波罗"15 号登月舱着陆点的西侧，就有一条名为哈德利月溪。它长 100 多千米，宽 1.5 千米，深 400 米，是最清晰的月溪之一。在雨海东北部的阿尔卑斯山区，有一条长 130 千米、宽 10 多千米的大峡谷。它的外形整齐笔直，把雨海和冷海沟通，这就是非常著名的阿尔卑斯月谷。从一般的天文望远镜里都能清楚地看出它独特的外形，很像地球上的苏伊士运河。当然，谁也不会相信它是人工开凿的。

在雨海的北岸，我们可以看到著名的柏拉图环形山。它的直径有 96 千米，底部和雨海"海面"一样高。早在 1878 年，有人曾几次观测到柏拉图环形山底部随太阳在月球天空的高度不同而变幻着明暗。1949 年 4 月，有人发现柏拉图环形山底部出现一次金黄色的闪光。这些奇妙的现象虽然还不能给出正确的解释，然而，由此可以看出不少观测者是一直注视着这里的变化的。在阿尔卑斯山脉和高加索山脉之间，在雨海的海面上有一座直径58千米的环形山，它是以意大利天文学家卡西尼的名字命名的。这是由于卡西尼根据自己多年观测，于1680年画出精细的月面图，并发现月亮运动的3条规律。卡西尼环形山西边有一个貌不出众的小山，在空旷的海面上，它显得形单影只，叫皮同山。其实它是一座长约28千米，高约2 300米的大山，阳光斜照产生的阴影可以长到它高度的30倍。雨海东部还有3个极为明显的环形山，它们是阿基米德环形山、奥托里环形山和阿里斯基洋环形山。值得一说的是阿基米德环形山。它和柏拉图环形山一样，坑底与月海面一样高，一样平坦，只有环状壁的顶端露出海面。这是一类比较老的环形山，它们是在月海形成之前产生的。有的月面学家就选择它作为这个时期的代表，也作为划分月面史的一个标志，叫阿基米德纪。在亚平宁山脉的南端，还有一个大名鼎鼎的环形山，叫爱拉托逊环形山。它在东西向上把亚平宁山脉和喀尔巴阡山脉分开；在南北向上它是雨海和暑湾的分水岭。爱拉托逊环形山的直径约59千米，外形还保存着形成时期的样子，然而已失去了辐射纹。它应该是在月海形成之后出现的，比柏拉图环形山和阿基米德环形山年轻得多。有的科学家把那个时代称之为爱拉托逊纪。这些具有不同演化阶段的环形山为壮观的雨海添色增辉。

月海伸向月陆的部分称为"湾"或"沼"。月球上共有5个湾和3个沼，而雨海区就有2个湾和1个沼。它们是西北崖的虹湾和阿基米德环形山旁的眉月湾，以及亚平宁山脉和阿基米德环形山之间的腐沼。虹湾像半个环壁镶在雨海的西北岸。通过天文望远镜观测，它的形状非常像地球上雨后弯弯的彩虹，虹湾也就因此而得名。其实，它是一个外围被朱拉山脉环绕的大环形山，直径约有290千米。它的一半已被雨海熔岩掩盖，被掩环壁的痕迹还可以见到，没有被掩的环壁部分就是虹湾。1970年11月10日，前苏联发射的"月球"17号飞船就降落在虹湾南边，把第一辆月球车放到雨海。

雨海区域的地势是非常复杂的，又是极为壮观的，因为它囊括了月面构造的多种多样的类型，所以很早就引起天文学家和地质学家的重视。

雨海是怎样形成的？这不仅是一个迷人的问题，而且是月面学研究的重要课题。一般说来，关于雨海的形成有两种解释。一种认为大约在39亿年前，一颗巨大的陨星（或小行星）撞击在月面上，形成巨大的坑穴。然后，陨星坑的四周引起山崩和断裂，形成更大的月海盆地，亚平宁山脉和高加索山脉就是当时的断层。大约在31亿年前，陨星冲击诱发，使大量的熔岩涌出，熔岩淹没了月海盆地内部，形成了今天的雨海。这就是所谓的"雨海事件"。另一种解释认为，月海是月球自身演化的结果，大体上都是在同一时期内形成的。当然，尽管近20年来人类对月球的认识深入多了，但是雨海的产生仍是有待研究的课题。

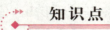

知识点

雨　海

雨海是月球的一个巨大月海，直径为1 123千米，雨海是面积仅次于风暴洋的第二大月海。其中的山脉向南延伸。有几个火山口，如哥白尼、柏拉图和阿基米德火山口等，在西北部，该月海和虹湾相连。雨海位于月球正面西北象限，西邻风暴洋，东邻澄海，呈圆形。阿波罗15号和阿波罗17号对岩石成分和同位素年龄的研究表明，雨海是在39亿年前由直径约100千米的小天体冲击月表而成，大量抛射物堆积在雨海周围，形成一系列山脉，如朱拉山脉、阿尔卑斯山脉、高加索山脉、亚平宁山脉、喀尔巴阡山脉等。这一区域有阿基米德等月坑。

延伸阅读

唐朝人与月有关的诗

薛涛《月》：魄依钩样小，扇逐汉机团。细影将圆质，人间几处看？

张九龄《望月怀远》：海上生明月，天涯共此时。情人怨遥夜，竟夕起相思。灭烛怜光满，披衣觉露滋。不堪盈手赠，还寝梦佳期。

杜甫《月夜忆舍弟》：戌鼓断人行，边秋一雁声。露从今夜白，月是故乡明。有弟皆分散，无家问死生。寄书长不达，况乃未休兵。

李商隐《霜月》：初闻征雁已无蝉，百尺楼台水接天。青女素娥俱耐冷，月中霜里斗婵娟。

杜牧《泊秦淮》：烟笼寒水月笼沙，夜泊秦淮近酒家。商女不知亡国恨，隔江犹唱后庭花。

张继《枫桥夜泊》：月落乌啼霜满天，江枫渔火对愁眠。姑苏城外寒山寺，夜半钟声到客船。

李冶《明月夜留别》：离人无语月无声，明月有光人有情。别后相思人似月，云间水上到层城。

赵嘏《江楼有感》：独上江楼思渺然，月光如水水如天。同来望月人何在，风景依稀似去年。

王建《十五夜望月》：中庭地白树栖鸦，冷露无声湿桂花。今夜月明人尽望，不知秋思落谁家？

月球上的"金字塔"

根据前苏联的月球探测计划，1966年2月4日，"月球"9号探测器在月面的风暴洋着陆。在风暴洋拍摄到的照片上显示出极像塔形的物体，与其说这些"塔形物"七零八落，不如说它们整齐地排成一列。

伊万·桑达森博士是一个科学协会的理事，同时又是一家科学杂志的编辑。他在分析了这些照片后说："这些类似机场跑道标志塔的物体等距离排列，似乎呈两条直线。"这些圆形石柱无一例外地刚好处在阳光能够照射到并能投射出影子的位置上，而且照片上还拍摄到一个很像飞行物体的东西正在着陆的场面，十分清晰。

除了桑达森博士外，还有其他学者也将这种奇妙的月面建筑物向全世界作了介绍。前苏联的宣传媒介和一份名为《青年技师》的杂志刊登了这一报道。这份杂志不仅详细地叙述了这一发现，还称之为"岩石标志"，附带说明这些标志是"建筑物"。在结论中，这篇报道推测说："这些塔形物不是自然形成的东西，的确是其他星球来的生物建造的。"

前苏联最高科学奖获得者伊万诺夫博士指出："在月球探测计划中，一般

月球上的"金字塔"

都希望在月面的隐蔽处着陆，或者有幸在月面的荒漠、平坦处着陆。如果我们想改变'月球9号'的着陆地点，只要把月面的岩石稍微移动一个角度不就行了吗？"根据当时拍摄的两组照片，他将那条"跑道"变成三维图像后重现出来。也许正是得益于伊万诺夫所说的"幸运"，科学家们得以推测出这些塔与塔之间的距离。他们自己也感到吃惊——这些塔实际上是等距离建造的，而且这些塔的高度也彼此相等。伊万诺夫说："我们观测了这些塔的建造地点的周围，认为不存在这样的岩石。这些塔看上去似乎是依据几何学法则建造的。"

　　这一发现被作为最重要的科学发现，在美国和前苏联广为人知。然而令人不解的是，这样的重大发现却往往很快被人们忘在脑后。

　　美国一个大科学基金会的负责人阿尔特·罗森布朗说，他是在《前苏联的四维科学》这本书中知道这些塔的存在的。而这本书在美国的出版已是很久以前的事了。罗森布朗认为，美国航空航天局的权威人士未必对该书在美国发行感到高兴。这是为什么呢？是因为美国航空航天局似乎隐瞒了某种事实吗？

　　如果这些塔状物确是来自其他星球的生物所建造的，那么他们的目的究竟何在呢？

　　桑达森博士推测说："这些塔状物与地球上的方尖碑也许是同一渊源。从事宇宙旅行的来自其他星球的客人，可能为了向后来者提供目标方位才建造了这些塔状物。从这个意义上说，塔状物起着'向导'的作用。"不过他说不清外星人在地球上建立方尖碑的缘由。建造一座方尖碑是不容易的，而在地球上建造方尖碑又没有什么意义。但是方尖碑对地外生命来说，也许是有意义的吧。有一位科学家推测说，这些方尖碑也许是引导宇宙飞船起飞和降落的"跑道"，或者不是将外星人的飞船引向月面，而是引向月球内部的标志。

令人更加不可思议的是，在风暴洋的另一边的确有一个被认为是通向月球内部的洞穴，这里也许是进入月球内部的入口。威尔金斯博士认为，在这个入口内部还应开有其他几个洞穴，以与月球表面的其他洞口相连。他本人曾发现了一个名为"卡西尼 A"的环形山内部的大坑穴。这个环形山直径 2.4 千米，是一个较大的环形山，深入月球内部约 200 米，换句话说相当于两个足球场长度之和。威尔金斯博士在《我们的月球》一书中写道："在这个环形山内侧中间有一个直径约 200 米的洞穴，内壁像玻璃一样光滑。"

前苏联人在月面发现了塔状物，这件事对美国有关当局来说在某种意义上是一个冲击。然而 1966 年 11 月 20 日美国的"月球轨道环行器"2 号在执行月肺探测计划时，也发现了月面上的塔状物，地点就是人类在月面首次留下脚印的静海。当时这艘探测器正从 47 千米的距离对月面进行拍摄。

从照片上可见，那些塔状物有点儿像陈列在美国纽约中央公园的"克娄巴特拉（埃及托勒密王朝的末代女王，以美貌妖艳著称）之针"，可以说它们像埃及的方尖碑，也像华盛顿纪念碑。科学家们分析了这些照片后得出结论说，这些塔状物高度在 12～23 米。而前苏联科学家估计，这些塔状物比美国科学家计算的结果高出 3 倍，其高度相当于地球上一座 15 层的大厦。原在美国航空航天局供职、现在史密森尼安研究所积极从事科学研究工作的地质学家法尔克·埃尔·巴斯博士说，这些塔状物与地球上任何建筑物相比都要高得多。

比塔状物的高度和尺寸更重要的是它所处的位置。

美国波音飞机公司科学研究所的生物工程学博士威廉·布莱亚认为，这些塔状物是按照几何学法则排列的。这位考古学、自然人类学及遗传工程学方面的权威强调说："如果这些突起物（塔状物）确实是基于地质学的理由建立起来的话，那么它们就会零落分散，而不是整齐排列。但是根据测量结果，将它们置于 X、Y、Z 三维坐标系中构成立体形状时，便明确无误地显示了它们的存在。也就是说，它的 2 条底边和 3 个顶点构成了等腰三角形、等边三角形和直角三角形。"

美国《洛杉矶时报》1966 年 2 月 26 日刊登了布莱亚博士运用几何学分

析和显示的这些塔状物的位置关系图，他是根据"月球轨道环行器"2号拍摄的照片拟出这张草图的。布莱亚博士确信："这7座塔状物绝不是漫不经心之作！"因为在《洛杉矶时报》刊出的右侧鸟瞰图上，塔状物的3个顶点和2条底边构成了6个等腰三角形，这样的东西当然不可能是自然形成的，更何况在这些塔状物的两边正好有一块长方形的洼地。布莱亚博士证明说："仔细观察这些塔状物的阴影部分后可知，那里构成了4个90°的角，很像是建有建筑物的地基。"他认为有必要就这些建筑物进行更透彻的研究。因为在地球上要是有了类似的发现的话，考古学家们为了更深入地调查，会在该地进行发掘研究。这位人类学权威不无遗憾地说，如果我们用同样的方式来对待地球上的建筑物的话，玛雅文明和阿兹特克文明就肯定不会直到今天仍沉睡在莽莽丛林之中。布莱亚博士得出了如下的结论："如果那些古代文物原来在哪里仍呆在哪里的话，那么由考古学的发掘研究进展而来的地球物理学，到今天也不会有什么起色，我们所知的人类在物理方面的进化注定仍是迷雾一团。"

知识点

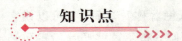

"月球"9号探测器

"月球"9号探测器是前苏联1966年1月31日发射的一颗月球探测器，重1 583千克，在到达距月面75千米时，重100千克的着陆舱与探测器本体分离，最终于2月3日安全地在月球上降落，着陆后250秒，它的登月舱打开"花瓣"，开始向地球发送信号。之后，由固定镜头和可转动镜头组成的电视摄像机开始工作，拍摄着陆区附近的黑白照片。因为此时的太阳才刚刚从月球上的地平线升起，所以开始时的几张照片拍得很不理想。15分钟后拍下的第一张黑白照片经过在总计过去了8个多小时后终于分7次被发送到了地球的地面站。传输每幅图片需要100分钟。它是世界上第一颗在月球上成功实现软着陆的月球探测器，在探月历史上具有里程碑意义。

埃及金字塔

埃及金字塔建于 4 500 年前，相传是古埃及法老和王后的陵墓，但是考古学家并没有在金字塔中找到过法老的木乃伊。金字塔主要流行于古埃及王国时期。埃及迄今已发现大大小小的金字塔 110 座。陵墓基座为正方形，四面则是 4 个相等的三角形（即方锥体），侧影类似汉字的"金"字，故汉语称为金字塔。金字塔是古代世界七大奇迹之一。埃及金字塔是古埃及文明最有影响力和持久的象征之一。

古埃及所有金字塔中最大的一座，是第四王朝法老胡夫的金字塔。这座大金字塔原高 146.59 米，经过几千年来的风吹雨打，顶端已经剥蚀了将近 10 米。在 1889 年巴黎建筑起埃菲尔铁塔以前，它一直是世界上最高的建筑物。

诱人的月背

由于月球绕轴自转的周期与绕地球公转的周期相同，都是 27.3 天，所以它总是以同一面对着地球，它的背面永不被我们看见，成为千古之谜。

直到 1959 年，没有一个人能说清楚月球背面究竟是什么样的。那一年，前苏联成功发射了"月球 3 号"火箭，在转到月球背面上空六七万千米时，拍摄了人类有史以来第一批月背照片，并随即把它们传回到地球上的指挥中心。这些月背照片大致覆盖了我们从未见过的月面部分的一半区域。这些照片不是很清楚，只呈现出部分月面构造，无法为科学家们提供详细而精确的信息。尽管如此，这次发射和所取得的成果仍是很有价值的，而且有历史意义。

1965 年 7 月 20 日，前苏联的"探测器 3 号"空间飞行器，又一次拍摄和发回了月球背面照片。分别在 1966 年 8 月和 11 月发射成功的美国"月球轨道飞行器"1 号和 2 号，也都完成了同样的任务。

月球背面

在此之前，美国早期的空间飞行器，包括"徘徊者号"和"勘测者号"等月球探测器在内，也都从近处拍摄了月球照片并送回地球。在宇航员登月之前，从月球表面收集到的土壤标本，已经摆在了许多科学家的面前。

经过几十年的探索和研究，科学家们已得到了月背的大量照片。总的说来，月背的全貌是怎么样的，这个问题已解决。但是，稍微深入一点的话，问题不少。月背现在所提出来的各种新谜，比过去那种仅仅是总体面貌不了解的谜，复杂得多，难解得多。

月球背面与正面的最大差异是它的大陆性。在总共 30 来个月球"海"、"洋"和"湖"、"沼"、"湾"当中，90% 以上都在正面，约占半球面积的一半。月背上完整的"海"只有 2 个，占月背半球面积的 10% 还不到。这两个不大的"海"就是莫斯科海和理想海。莫斯科海长约 300 千米，宽约 200 千米。

月球背面 90% 左右的地方都是山地，环形山很多，存在许多巨大的同心圆结构，很具特色。比起正面来，月背地形凹凸不平得厉害，起伏更加悬殊。月背的颜色比正面稍红、稍深一些，大概是由于两个半球上山区和"海"的面积相差较多的缘故。

为什么月背的结构与正面有那么大的差异？为什么月海都"喜欢"集中在正面？这些都是科学家颇感兴趣的问题。

比起正面来，月背环形山之多有过之而无不及，与正面环形山相同之处是各环形山的形状千姿百态，千奇百怪，有的也是相互交织在一起。欧姆环形山等跟正面的第谷和哥白尼环形山相像，也都带着长短不等的辐射纹。

不同的是，月背环形山多而且大，只要你看一眼月背照片，立即就会得出这样的概念：环形山是月背的主要特征，它在月背面貌中占有无可争辩的主导地位。更加使你惊讶的大概是它的环形山链。好些环形山像糖葫芦那样串连在一起，弯弯曲曲地延伸好几百千米，最长的超过 1 000 千米，这样的地形结构使人叹为观止。

月球正面的南部，环形山较多；而月背的北极地区地形极为复杂，许多环形山相互叠加和交织在一起，形态别致。

月球正面有好几条著名山脉，如阿尔卑斯山脉、亚平宁山脉等。严格说起来，月背没有明显的山脉。退一步说，如果降低要求，把莫斯科海的四周海岸、一些环形山环壁和线状地形等，也说成是山脉的话，也许可以勉强过得去。

一般书上说月球直径 3 476 千米，或者半径 1 738 千米，都指的是平均直径或平均半径。由于月球并非正球体，有的地方鼓起来一些，半径就比平均半径长些；凹陷下去的地方的半径小于平均半径。

月球的最长半径和最短半径都在月背那个半球上，真是咄咄"怪"事。最长半径比平均半径长 4 千米，最短半径在一片叫做"范德格拉夫洼地"那里，比平均半径短了 5 千米。范德格拉夫洼地位于月背的南半球，直径约 210 千米，它本身的深度约 4 千米。它不仅是本地区中最令人感兴趣的一个区域，在某些方面还是独一无二的。譬如说，它的磁场比周围地区的都强，而且还有点异常；放射性的情况也是这样。这种异常情况是否跟它的特殊构造有关系呢？

月球正面情况科学家们是比较熟悉的，谁知月背情况竟与正面有那么多和那么大的差异。人们自然要问：这是为什么呢？

一种意见认为：对地球的人来说是发生了一次月全食的时候，对月球来说，那是一次长时间的日全食。原来被太阳烤得特别热的月球正面，突然被地球影子遮住，而且长时间地处于温度特别低的情况下。这样，久而久之，月球正面月壳就会从开始出现小破裂，到后来发生巨大的破裂。

反对者的意见是：月球上发生日全食时，月面温度剧烈变化是事实，形成局部的微不足道的破裂也有可能。但是，月面物质传递的本领是很差的，所以，充其量月面温度变化至多只影响月面以下几厘米的地方，而不会造成我们现在所看到的正背两面那么大的差别。再说，月球上发生日全食是常有的事，如果同意那种观点的话，岂非要承认月球上现在也在经常不断地发生那种实际上并不存在的大破裂吗？

另一种意见是：地球吸引月球而使月球本体发生像潮水涨落那样的现象，这种被称为"固体潮"的作用当然是很小的。但是，不管潮汐作用有多大，由于正面离地球近而受到的作用大，这也会造成月球正背两面的差异。

不少人认为这种见解也是不能成立的。月球正背两面所受到的地球潮汐作用确实是有差别的，正面受到的要大一些。但是，计算结果表明，大概只相差5‰，潮汐作用的微小差别根本不可能造成正背两半球面貌那么大差别。

看来，月球正背两面的差别不能用外部原因来解释，应该从月球本身来找，月背面貌是月球内在力量在形成月壳的过程中，起着主导作用而造成的。尽管我们现在还不清楚月背及其特征究竟是如何形成的，但谜底终究有朝一日会被解开的。

知识点

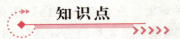

潮　汐

地球上的潮汐现象多数是由月亮引起的（太阳的作用稍小一点），潮汐的秘密是这样的：由于月亮绕着地球旋转，地球上的海洋受到月球的引力牵引作用，面对月亮的那一面就出现高潮，这恐怕人人都知道。而与此同时，地球上远离月球的另一面也出现另一个高潮，这是因为月球对地球本身的引力牵引作用大于对其水体的作用，从而使另一面的海水向外"鼓"而造成的。

在满月和新月时，太阳、月亮和地球都在一条线上，这时形成的潮异乎寻常的大，我们称之为朔望大潮。而当月亮在最初的和最后的1/4月牙时，较小的小潮就形成了。月球以29.5天的周期环绕地球的轨道并不是一个规则的圆形，当月亮到达离地球最近处（我们称之为近地点）时，朔望大潮就比平时还要更大，这时的大潮被称为近地点朔望大潮。

延伸阅读

宋朝人与月有关的诗词

王安石《春夜》：金炉香烬漏声残，剪剪轻风阵阵寒。春色恼人眠不得，月移花影上栏杆。

张先《天仙子》：水调数声持酒听。午醉醒来愁未醒。送春春去几时回，临晚镜，伤流景。往事后期空记省。/沙上并禽池上暝。云破月来花弄影。重重帘幕密遮灯，风不定。人初静。明日落红应满径。

吕本中《采桑子》：恨君不似江楼月，南北东西，南北东西，只有相随无别离。/恨君却似江楼月，暂满还亏，暂满还亏，待得团圆是几时？

李清照《一剪梅》：红藕香残玉簟秋，轻解罗裳，独上兰舟。云中谁寄锦书来，雁字回时，月满西楼。/花自飘零水自流，一种相思，两处闲愁。此情无计可消除，才下眉头，又上心头。

络绎不绝的探月活动

在过去很长一段时期里，人类一直怀着一个美好的理想，那就是有一天要飞到月亮上去。只是直到 20 世纪 60 年代研发了威力强大的"土星 5 号"火箭推进器，以及"阿波罗"宇宙飞船之后，人类的愿望才得以实现。

许多人提出这样的问题：花费那么多的钱，为的是送几名宇航员到月球上去，值得这么做吗？不错，无人驾驶宇宙飞船上的各种仪器设备，可以对月球和空间进行探测和测量，获得许多有价值的数据和信息，但是，还有许多科学家们希望得到和知道的东西，这些手段却无能为力。

人类的本性之一，是对未知的东西进行持续不断的探索。有人问一位杰出的登山运动员，他为什么要去攀登那危险的高峰，他回答得很简单："因为山在那里！"毫无疑问，这大概也就是人类想登上月球去的理由之一：因为月球在那里！

20 世纪 50 年代到 70 年代的美苏太空竞赛，曾掀起了探月的高潮，在新世纪，世界各国更加认识到月球的价值，纷纷制订探月计划，月球探测正在进入一个新的高潮期！

前苏联的探月活动

20 世纪 50—70 年代，在冷战背景下，美国和前苏联为了争夺霸权围绕月球探测展开了空前的太空竞赛，从而拉开了探月的帷幕。

1964 年 4 月，前苏联成功研制出一种新型的功能比较齐全的月球探测器——探测器 1 号。

　　探测器 1 号~3 号的质量为 890 千克，4 号~8 号的质量则达到 5 600 千克，这 8 个探测器号各有各的职责。

　　1965 年 7 月 20 日，探测器 3 号在距月面 11 600 千米处掠过月球，进入月球轨道。它在飞过月球期间，拍摄到 25 万张月球照片，基本上弥补了月球 3 号探测器没有拍摄到的月球表面，从而获得了月球背面完整的概貌图。它拍到的图像清晰逼真，人们通过这些图像识别了月球上不同区域的 3 000 多个地形。

　　1969—1976 年，前苏联发射了月球 15 号~24 号探测器。相对于早期的月球号探测器来说，这批探测器已演变为月球自动科学站。其中，1970 年 9 月 12 日发射的月球 16 号探测器顺利到达月球后，用它自带的小勺挖取了 0.1 千克月球岩石样品并自动送回地球，使人类首次获得月球表面物质的标本。

月球车 1 号

　　1970 在 11 月 17 日，月球 17 号探测器携带着世界上第一个无人驾驶月球车——月球车 1 号成功地在月面软着陆，月球车 1 号在地面工作人员的遥控下勘探了月球表面 8 万平方米的地域，进行了 200 多次土样测验，并用 X 射线望远镜扫描了天空，获取了大量资料。月球车 1 号在月面上行驶了 10.5 千米，后来月球 21 号探测器带上月球车 2 号行驶了 37 千米。月球车底盘上装有电动机驱动和电磁继电器制动的轮子，靠特性吊架减少震动，能源采用的是太阳能电池和蓄电池。本来月球车可取得更大的成果，但由于地—月间距离遥远，通信中存在 25 秒的滞后问题，月球车每完成一个动作后，地面工作人员需等待它将动作结果反馈回地球后才能指示进行下一个动作，这样操作效率就低得多。

1976 年 8 月 18 日，月球 24 号探测器在月球危海东南部软着陆，它携带的挖掘机从 2 米深处挖出了 1 千克岩石，8 月 22 日回收舱带着岩石平安地降落在前苏联的西伯利亚地区，为前苏联的月球探测画上了一个圆满的句号。

总体而言，1959—1970 年，前苏联利用"闪电号"火箭等，先后发射了24 颗月球探测器。此时，前苏联在月球探测方面遥遥领先于美国，并取得了许多重要成果。例如第一次实现月球硬着陆，击中月球；第一次飞越月球背面，拍摄到月球背面的照片；第一次实现探测器月面软着陆，在 4 天中，向地球发回了全景照片和辐射资料；成功地发射第一颗月球卫星，首次实现环月飞行；第一次实现环月飞行后安全重返地球；第一次实现无人驾驶飞船登月取样并返回地球；第一次实现无人驾驶月球车在月面行驶并进行科学探测等。

然而发生在美苏两个航天大国之间的那场登月竞赛最终给前苏联及俄罗斯人留下的是失败的痛苦回忆。

1958 年，前苏联完成了对发射人造地球卫星的火箭的改造，使之可以发射月球探测器。当时有一些科学家建议把一枚原子弹送上月球并在月球上引爆，让全世界的天文学家都来拍摄爆炸时的情景，以此显示前苏联的技术实力。但物理学家认为，由于月球上没有大气，核爆炸的时间可能会很短，很难让地面上的天文学家拍摄到爆炸时的景象。因此，前苏联当局否定了这个建议。后来，前苏联政府把注意力转向载人登月上，并要与美国一决高下。

"闪电号"火箭

　　与美国一样，前苏联的登月飞行任务也打算使用一种大型运载火箭和一个轨道联合体来完成。登月运载火箭代号为"N1号"。1964年，前苏联政府决定要赶在美国之前率先将航天员送上月球。为完成这项任务，1962—1966年，N1号方案几经修改，有效载荷质量从最初的50吨增加到近98吨，第一级发动机的数量也从26台增加到30台。为了赶进度，第一次发射时，这些发动机都没来得及集体试车，就组装在一起发射，结果酿成了重大的发射事故。由于技术问题和设计过于复杂，N1号火箭在后来的几次发射中，也都以惨败而告终，导致了前苏联登月计划的破产。后来，俄罗斯航天专家总结经验时说："这是一场不公平的竞争。当时美国比我们富裕多了，特别是当时前苏联的国力由于与德国法西斯的战争和军备竞赛而被削弱了很多。登月竞赛一开始，我们就知道，我们不可能赢。"

知识点

"月球车"1号

　　"月球车"1号是前苏联发射成功的世界上第一辆成功运行的遥控月球车。它搭载在"月球17号"上，于1970年11月17日在月面雨海地区着陆，这是第一次在地球上对另一个世界上的机器人进行远程控制。而这辆月球车车长2.2米，宽1.6米，重756千克，外形像个圆桶，上面有一个凸起的盖子，车下面是8个轮子，每个轮子也都是独立控制。车上的装备包括一架锥形天线、一个高精度定向的螺旋天线、4台电视摄像机，以及一些用来测量月壤密度和物理、化学特征的设备。在凸起的盖子下面是太阳能电池。天线负责将月面上的状况传送给莫斯科一个五人小组，由他们远程操控月球车的下一步行动。

　　"月球车"1号一共运行了11个月（只能在月亮上的白天进行工作），一直在雨海地区工作至1971年10月4日。它一共行进了10千米，传回2万多幅电视图片和超过200幅全景照片。

延伸阅读

折射望远镜

　　折射望远镜是光学望远镜最早的形式，第一架实用的折射望远镜大约在1608 年出现在荷兰，是密德堡的眼镜制造者汉斯·李普希和杨森、阿克马的雅各·梅提斯，各自独立发明的。伽利略在 1609 年 5 月左右在威尼斯偶然听说了这个发明，就依据自己对折射作用的理解，改进并做出了自己的望远镜。然后伽利略将他的发明细节公之于世，并且在全体的议会中将仪器向当时的威尼斯大公多纳托展示。

　　折射望远镜是一种使用透镜做物镜（物镜是由若干个透镜组合而成的一个透镜组），利用屈光成像的望远镜，具有宽广的视野，高对比度和良好的清晰度。采用透镜作为主镜，光线通过镜头和镜筒折射会聚于一点，称为"焦平面"。它的薄壁长管结构外观，同伽利略时代无太大区别，但现代的优质光学玻璃、多层镀膜技术使天文观测者可以体会伽利略从未梦想过的精彩天空。对于希望简便的机械设计、高可靠性、方便使用的人来说，折射望远镜是很受欢迎的设计。

美国登月前的 4 项辅助计划

　　前苏联夺得一个又一个航天"第一"，美国自然不甘落后。美国总统肯尼迪和副总统约翰逊开始策划一个能够吸引公众注意力，并一举改变美国在太空竞赛中落后局面的计划，这就是后来被命名的"阿波罗计划"。

　　为了争取 20 世纪 70 年代把人送上月球，60 年代美国大力开展了 4 项辅助计划，即"徘徊者号"探测器计划、"勘察者号"探测器计划、月球轨道环行器计划、"双子星座号"飞船计划。

"徘徊者号"探测器计划

从 1961 年 8 月到 1965 年 3 月，美国先后向月球发射了 9 个"徘徊者号"探测器。

"徘徊者号"探测器是在"先驱者号"探测器的基础上改进而成的，上面装配了电视摄像机、发送和传输装置、分光计等设备。它的任务是在月面上硬着陆前拍摄照片，测量月球附近的辐射和星际等离子体等。它飞向月球时采用地—月轨道，中途校正一次轨道后再飞向月球。"徘徊者"1 号~6 号探测器质量为 300 千克，7 号~9 号探测器增加了电视摄像设备，质量增加到 370 千克。不知是名字没取好，还是准备不充分，前几个"徘徊者号"探测器一直在地—月间徘徊不前，历尽磨难。第 1 和第 2 个"徘徊者号"探测器被送入地球轨道后，由于前两级火箭不工作，探测器重新坠入大气层被烧毁。发射第 3 个时，虽然前两级火箭点火成功了，但推力过大，把探测器送到了远离月球 37 000 千米的太空，使它成为了一个无人照管、无家可归的"流浪汉"。第 4 个开始还算顺利，但从地球轨道上起飞后不久，控制系统突然出现短路故障，失去控制的探测器像一匹脱缰的瞎马，撞到月球背后的环形山上，摔了个稀烂。紧随其后的第 5 个和第 6 个，在即将到达月球轨道时，不是火箭发动机突然熄火停止工作，就是电视摄像机莫名其妙地失灵，弄了个前功尽弃。

在遭受六连败后，1964 年 7 月 28 日发射的第 7 个"徘徊者"终于一路顺风到达月球表面，用它携带的 6 台电视摄像机发回 4 306 幅电视图像，其中最后的图像是在它离月面只有 300 米远处拍摄到的，图像清楚地显示出月球上一些直径小至 1 米的月坑和几块直径不到 25 厘米的岩石。这是月球表面情形的首次电视直播。

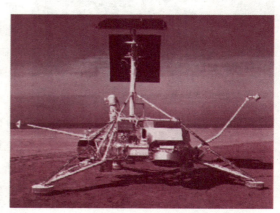

"徘徊者"3 号探测器

乘胜前进的第 8 个和第 9 个"徘徊者号"探测器再立新功，分别发回 7 137 张和 5 814 张高分辨率的月球照片，进一步探明了在月球表面上有许多可容飞船降落的平坦之地。

"勘测者号"探测器计划

随着"阿波罗"工程的进展，飞船在月面软着陆的试验摆到了重要日程上。为此，美国设计了新型月球探测器——"勘测者号"。

"勘测者号"系列探测器的任务是在载人登月之前，在月球上实现软着陆，试验软着陆技术，证明软着陆对人有没有危险，并选择载人登月的地点。"勘测者号"探测器发射重量为 1 000 千克，高 3.3 米；用于支撑探测器由 3 条腿组成的着陆支架的底部直径为 4.5 米。每个探测器上都配有一台电视摄像机，通过一面转动的镜子来观察周围环境。勘测者号系列探测器利用宇宙神—半人马座火箭在卡拉维拉尔角发射，共发射了 7 颗"勘测者号"探测器。

月球"勘测者号"探测器

"勘测者"1、3、5、6、7 号均成功实现软着陆，"勘测者"1、3、5、6 号成功地着陆于月球赤道附近的暗区，"勘测者"7 号成功地着陆于月球表面的环形山。"勘测者"系列的 5 次成功着陆，共发回了 86 000 多张 70 毫米的高清晰照片，它们所获取的数据资料为"阿波罗"登月地点的选择提供了依据。

"勘测者"3 号和 7 号上还配有月面取样器（可伸缩的掘土铲），由电视摄像机监视其掘土情况，以判断月面的硬度。"勘测者"5 号、6 号和 7 号上还带有 α 放射源，利用 α 粒子散射来对月球作化学分析。

月球轨道环行器计划

为尽快完成"阿波罗号"飞船登月前的准备工作，美国采取兵分两路的办法，在"勘测者号"实地考察的同时，另一种月球轨道环行器则在绕月轨道上拍摄月球表面的详细地形照片，绘制细微部分的月面图，为"阿波罗号"飞船选择最安全的着陆点。

月球轨道环行器 1 号、2 号、3 号的任务是在围绕月球"赤道"的低轨道飞行。其中月球轨道环行器 2 号的轨道最低时达到距离月面 394 米的高度，它用广角照相机拍摄到了许多清晰可见的月面照片，这些照片有许多至今还被完好无损地保存着。3 个环行器共对 40 多个预选着陆区进行了拍摄，获得了 1 000 多张高清晰度的月面照片，美国据此选出约 10 个候选登月点。

由于前 3 个月球轨道环行器高质量地完成了任务，已研制成的月球轨道环行器 4 号、5 号只好"另谋高就"，改为执行别的任务。它们在绕月球极轨道上飞行，拍摄更大面积的月球表面照片，并监视近月空间的微流星体和电离辐射。5 个轨道环行器在 1 年时间里，对月面上 99% 的地区进行了探测，拍摄了大量高分辨率的照片，获得了月球表面的放射性和矿物含量等大量资料以及有关月球引力场等数据。最后，5 个月球轨道环行器撞在月面上"以身殉职"。

"双子星座号"飞船计划

当 1961 年美国制订了阿波罗登月计划后，这一计划的任务更加明确起来，即为完成登月任务探索、试验新技术，最重要的有两方面：一是将载人飞行时间延长到 2 周，以充分研究人在太空生活和工作的适应性；二是完成两个航天器在轨机动上的交会和对接。这两大任务在登月期间都会遇到。这样，"双子星座号"飞船计划就变成阿波罗计划的辅助项目。

"双子星座号"系列飞船是美国的第二代载人飞船，总共进行了 12 次飞行试验，其中 2 次无人飞行和 10 次载人飞行。水星号飞船计划始于 1961 年 11 月，结束于 1966 年 11 月，历时 5 年。双子星座计划共耗资 12.834 亿美元，其中飞船为 7.974 亿美元，占总费用的 62%；运载火箭

"双子星座号"飞船

为 4.098 亿美元,占总费用的 31.93%;支援设施为 0.762 亿美元(其中用于改造全球通讯设备为 5 600 万美元),占总费用的 5.94%。双子星座计划主要是为阿波罗载人登月计划提供飞行经验、准备各种技术条件。

"双子星座号"飞船与"水星号"飞船相比,作了较大的改进,实现了载 2 名航天员飞行。飞船设计手控操纵为主,成为至今为止美国载人空间飞行器中受控程度最高者,在双子星座飞行中,航天员真正成为飞船的驾驶与操纵人员,并且除人对空间环境的适应情况的实验外,还进行了一些技术试验,实现了一些新的空间技术方面的突破,主要包括航天员舱外活动技术和空间飞行器的交会/对接技术,以及使用计算机的自动飞行控制技术。

"双子星座号"飞船完成了空间交会和对接工作,宇航员在开放空间活动长达 2 小时,最长飞行时间达 14 天,实现了飞船姿态控制、机动、变轨飞行和受控再入,发展了新型燃料电池,宇航员积累了长时间飞行的经验,包括生理、医学、生活等。为阿波罗计划提供了极其宝贵的经验和科学技术成果。

有了"徘徊声号"、"勘测者号"和月球轨道环行器获得的这些月球情报以及 1965—1966 年 10 次"双子星座号"载人飞船飞行获得的经验,美国载人登月行动已是箭在弦上,蓄势待发。

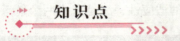

知识点

"先驱者号"探测器

"先驱者号"探测器是美国发射的行星和行星际探测器系列之一,1958 年 10 月到 1978 年 8 月发射,共 13 个。用来探测地球与月球之间的空间、金星、木星、土星等行星及其行星际空间。

其中以"先驱者"10 号最为引人注目,它们是人类派往外行星访问的第一批使者。"先驱者"10 号于 1972 年 3 月 2 日踏上征途,经过 1 年零 9 个月的长途跋涉后,穿过危险的小行星带,闯过木星周围的强辐射区,于 1973 年 12 月 3 日与木星相会。它飞临木星时,沿木星赤道平面从木星右侧绕过，在距木星 13 万千米的地方穿过木星云层，拍摄了第一张木星照片，并进行了 10 多项实验和测量，向地球发回第一批木星资料，为揭开木星的奥秘立下头功。在木星巨大的引力加速下，直向太阳系边缘飞去。于 1989 年 5 月 24 日飞越过冥王星轨道，带着给外星人的"礼品"——"地球名片"，向银河系漫游而去。

延伸阅读

20 世纪 60 年代四大天文发现

星际分子、类星体、微波背景辐射和脉冲星被誉为是 20 世纪 60 年代四大天文发现。

（1）星际分子。1963 年，美国科学家发现星际羟基分子（–OH），此后，陆续发现大量星际有机分子。星际分子的发现有助于人类对星云特性的深入了解，可以帮助揭开生命起源的奥秘。

（2）类星体。第一颗类星体 3C48 是荷兰科学家施米时在 1960 年发现的。第二颗类星体 3C273 是在 1963 年发现的，这两个天体在外貌上看起来都像是颗恒星，从红移值比星系都大看来，它们根本不可能是恒星。这种类似恒星而又不是恒星的天体就被称为"类星体"。

（3）微波背景辐射。1964 年，美国贝尔电话实验室的彭齐亚斯和威尔逊为了检验一台巨型天线的低噪声性能，而把天线对准了没有明显天体的天区进行测量。他们发现，无论把天线指向何方，总能收到一定的噪声。后来发现噪声信号来自外部空间的微波辐射造成的。由于这种辐射充满整个宇宙空间，所以称为宇宙微波背景辐射。

（4）脉冲星。1967 年，当时只有 24 岁的英国剑桥大学女研究生贝尔，和导师休伊什在狐狸座内发现了第一颗脉冲星。其密度特别大，1 立方厘米可达 1 亿吨以上；辐射特别强，是太阳的上百万倍。

美国的登月之旅

1961 年 4 月 12 日，发生了一件令美国人沮丧的事：苏联宇航员加加林首次进入太空。美国总统约翰·肯尼迪知道消息后十分震惊，因为这表明苏联在航天技术上已领先美国一步，也就是说在科技竞赛中美国处于劣势了。"这是继苏联第一颗人造地球卫星上天之后，对美国民族的又一次奇耻大辱！"肯尼迪愤愤地说道。为了迎接苏联人的太空挑战，美国人决心不惜一切代价，重振昔日科技和军事领先的雄风。

肯尼迪召集美国各有关部门头脑们商量对策，宣布："美国最终将第一个登上月球。"1961 年 5 月 25 日，肯尼迪在题为"国家紧急需要"的特别咨文中，提出在 10 年内将美国人送上月球。他说："我相信国会会同意，必须在在 10 年内，将美国人送上月球，并保证其安全返回……整个国家的威望在此一举！"于是，美国航宇局制订了著名的"阿波罗"登月计划。

阿波罗是古希腊神话传说中的一个掌管诗歌和音乐的太阳神，传说他与月神是同胞姐弟，曾用金箭杀死巨蟒，替母亲报仇雪恨。美国政府选用这位能报仇雪恨的太阳神来命名登月计划，其心情可想而知。

然而，建造这样一艘登月船也不是轻而易举的。两个月后，美国科学家为实施"阿波罗"登月计划拿出了 4 种方案，即"直接登月"、"地球——轨道会合"、"加油飞机"、"月球表面会合"，但是，每种方案经过研究都存在着各种不易解决的问题。

正当美国科学家们和政府首脑举棋不定、大伤脑筋时，一位名叫约翰·C·霍博特的太空署工程师提出了第五种方案——"月球轨道会合"方法，这种方法的要点是：从地球上发射一支推力为 750 万磅的"土星"5 号火箭，将装载 3 个宇航员的"阿波罗"太空船推向月球。"阿波罗"太空船绕着月球轨道运行，但整艘太空船并不在月球上降落，而是分离出一艘小的登月舱。登月舱带着 2 名宇航员依靠倒推火箭抵达月球表面，第 3 名宇航员则留在太空船上。当他的两个同伴在勘查月球表面时，他一路环绕月球飞行。当勘查工作完成后，月球上的两位宇航员就启动登月舱上的火箭，重新和太空船会合。3 名宇航员乘坐太空船，回到地球上来。

YUEQIU SHIFOUSHI RENLEI WEILAI DE JIAYUAN

　　科学家们对这一方案进行详细的研究与论证，结果得到比较普遍的认同，于是决定采用"月球轨道会合"法。

　　为了实现这个宏伟的计划，美国国家航宇局的科学家和工程师，要设计制造出一艘宇宙飞船"阿波罗"号，它的大小与火车头相近。为了发射这个飞船，还要制造出一个与足球场差不多长的火箭。此外，科学家们还要建起一座大型的太空中心——月球港，它要拥有车间、试验室和办公室，并且在全世界建立一系列的跟踪站；他们为宇航员们建立了训练中心，在这个中心里，同时建造了"登月模拟装置"。

　　为了确保登月计划的顺利实施，还准备了4项辅助计划："徘徊者号"探测器计划、"勘测者号"探测器计划、月球轨道环行器计划、"双子星座号"飞船计划。

　　"阿波罗"号飞船使用大推力的"土星"号运载火箭发射。运载火箭研制分两个阶段进行：①研制"土星"1号和1B号，用以获取大型运载火箭的研制经验并进行"阿波罗"号飞船的飞行试验。②研制"土星"5号巨型3级运载火箭作为飞船登月的运载工具。

　　1967年2月21日美国决定进行"阿波罗号"飞船的首次载人试验飞行。这次发射代号为AS－204，即"阿波罗1号"。

　　将要在"阿波罗1号"飞行中出征的是格里索姆、怀特和查菲3人。其中指令长格里索姆曾在"水星"和"双子星座"计划中两度飞临太空，怀特曾乘"双子星座4号"飞船升空，并进行了美国的首次太空行走，查菲还从未进入过太空，此次他跃跃欲试，要一展身手。在地面准备和测试阶段，"阿波罗1号"总是出问题，迈向月球的这第一步充满了艰难与险阻。

"阿波罗"1号指令舱残骸

　　1967年1月27日，星期五，下午1时，"阿波罗1号"的3名乘员进入指挥舱进行例行的地面试验。进入飞船后，格里索姆把他的航天服与舱内供氧系统相连时，闻到了一股"酸味"。于是航天员们停下手头的工作，抽取了空气样品。试验继续进行。紧接着，氧气流动异常主警报器发出了警告。飞船环境控制系统技术人员当时认为是舱内乘员的运动引发了警报器。不久，格里索姆又与地面控制部门失去了通信联系。通信恢复后格里索姆说："如果现在就联系不上，等我们到了月球又怎么办？"

试验仍在进行。突然，舱内的查菲像是不经意地说："火，我闻到了火的气味。"2秒钟后，怀特更加肯定地说："舱里着火了！"然而，由于"阿波罗1号"采用了新的机械式舱门，在舱内不可能很快将门打开，3名航天员失去了逃生的机会。待技术人员赶到时，大火已横扫座舱，烈火和浓烟吞噬了舱内的一切。

美国失去了3名最优秀的航天员。事后调查表明，大火始于座舱左侧一束导线或其附近出现的一个小火花。因为当时飞船已做完了加压试验，舱内充满了纯氧，火花的出现无异于把3名航天员置于一颗炸弹的中心。

这次大火使"阿波罗"飞船的首次载人飞行试验推迟了一年半，但载人航天事业并没有因此停止前进的步伐。这正如格里索姆曾经说过的话："如果我们牺牲了，希望人们能够接受。我们从事的是一项危险的工作，我们希望不管发生了什么事都不要影响登月计划的实施。征服太空值得我们冒生命危险。"在这段时间内，美国对"阿波罗"飞船进行了重新设计，并对航天员的安全问题给予了更多的考虑，包括使舱门能在2～3秒内自动打开，对防火、生命保障系统等进行不同程度的改进。航空航天局还决定再发射几次无人飞船，以对飞船各系统进行更广泛和细致的试验。

1967年11月9日，"阿波罗4号"飞船升空，它的主要目的是检验火箭和指挥舱发动机。1968年1月22日发射的"阿波罗5号"飞船试验了登月舱下降和上升推进系统。同年4月4日，"阿波罗6号"飞船又对整个飞行器的所有功能进行了全面试验。1968年10月11日，"阿波罗7号"飞船由"土星1号B"二级运载火箭发射升空。这是"阿波罗计划"中的首次载人飞行。3名航天员是指令长沃尔特·希拉、指挥舱驾驶员唐·艾西尔和登月舱驾驶员沃尔特·坎宁安。希拉曾在"水星"和"双子星座"计划中两次执行太空飞行任务，而另两人则是第一次进太空的新人。

与"阿波罗1号"相比，"阿波罗7号"的指挥舱与服务舱做了重大修改，采用了新的结构和试验方法，安装了新的测试设备。它此行的主要任务就是在地球轨道上验证上述系统的功能，检验飞船的数据系统，演练交会对接，同时要在多种飞行方式的转换过程中测试辅助推进系统。

阿波罗 7 号宇航员

当飞船按预定程序与火箭第二级分离并拉开一定距离后，航天员通过手动操作，将飞船调过头来，这样航天员们就可以通过指挥舱的窗口看到已分离的火箭第二级。"阿波罗 7 号"飞船没有装登月舱，但在二级火箭顶端安装了一个与未来登月舱的接口一模一样的装置，航天员们用它来试验接口的各种性能。航天员们还成功地进行了两次交会对接试验，其中第一次试验由对接雷达提供了距离和方位。

按计划，"阿波罗 7 号"还需要在飞行的第 3 天进行首次太空电视直播。到了这一天，航天员们先仔细检查了电视转播要用的设备，在确认一切无误后，通知地面人员开始直播。希拉对着镜头举起了几张卡片，上面写着"欢迎到'阿波罗号'来做客"和"给大家问个好"等字样。他们还在镜头前演示了起居活动、飞船操纵、吃饭和在失重状态下飘浮等情景。说起这次直播，还有一段插曲。飞船升空的次日，地面人员提出把直播提前到这一天进行，但航天员们没有同意。为此双方发生了火药味颇浓的争吵。希拉后来解释说，他们之所以不同意提前直播是想仔细检查所用设备。他说："我对因线路故障引起的那场大火记忆犹新。另外，我需要时间对首次电视直播进行完整构思，不能敷衍了事。"

　　飞行中，3名航天员制定了作息时间表，轮流值班，以便让每个人都能得到充分的休息。但糟糕的是，起飞15小时后，希拉就患了重感冒，并传染给了另外2人。由于没有重力，感冒者要不断地用力擤鼻涕，震得耳鼓生疼。由于身体不舒服，3人都变得暴躁易怒，甚至将这一情绪带给了地面控制人员。而在太空飞行中，天上与地面之间的精诚配合非常重要，互相猜疑对飞行是十分不利的。飞行结束前几天，航天员们又开始担心，再入大气层时戴上头盔，会妨碍他们擤鼻涕，希拉甚至想不穿航天服返航。好在航天员们都经过严格的选拔和训练，能够尽量控制自己的情绪。最终，在地面人员的说服下，他们还是全副武装地再入了大气层。

　　在绕地飞行了260小时后，10月22日，"阿波罗7号"飞船溅落在大西洋上，距预定着陆点只差2 000米。"阿波罗7号"的成功，把"阿波罗计划"从火灾的阴影中解救了出来，确认了飞船的可靠性，为后续飞行铺平了道路，它的飞行称得上是重树信心之旅。

　　"阿波罗8号"是第一艘载人环月飞行的飞船，执行这次飞行任务的3名航天员是指令长弗兰克·博尔曼、指挥舱驾驶员詹姆斯·洛弗尔和登月舱驾驶员威廉·安德雷斯。

　　1968年的圣诞节前，12月21日7时51分，"土星5号"火箭在刺骨的寒风中开始点火，这是这种巨无霸型火箭的首次发射。约11分钟后，火箭的第三级和飞船进入地球轨道。10时17分，"阿波罗8号"进入向月球过渡的轨道，把人类的太空飞行带入了一个新的时代。

　　23日下午3时29分是历史性的一刻。此时飞船距地球326 400千米，距月球62 600千米。此前，由于受地球引力的影响，飞船的速度已降低。而从这一刻起，飞船进入了月球引力场，在月球的吸引下，开始慢慢加速。23日晚，航天员们开启发动机，飞船进入月球轨道。之后，飞船飞到月球背面，中断了与地面的所有联络。当飞船到达环月轨道的近月点时，洛弗尔启动发动机为飞船加速。此时，飞船的近月点为84千米，在月球的背面；远月点为230千米，在近地一面。

　　绕月飞行10圈后，在月球背面的近月点处航天员将点燃发动机，为飞船加速，以便克服月球的引力返航。由于飞船与地面的联络已中断，此时的地面控制中心里气氛紧张，好像凝固了一般。如果点火失败，或是发动机工作时间太短，航天员们就将陷入困境。如不能及时补救，他们就可能永远留在月球轨道上。这是人类首次环月飞行，会不会出意外？人们的心几乎都提到了嗓子眼儿。等待中，时间似乎过得特别慢。突然，地面控制中心收到了飞船的遥测信号，几分钟后，传来洛弗尔激动的声音。这是最好的圣诞礼物了，欢呼声立刻响彻地面控制中心。收到信号就意味着点火成功，航天员们胜利踏上了返回之路。

12 月 27 日，"阿波罗 8 号"进入地球大气层。随后，服务舱被抛掉。洛弗尔利用手动装置调整了飞船的方向，飞船最后安全地溅落在太平洋上。"阿波罗 8 号"成功的载人环月飞行表明，美国朝着登月目标迈出了坚实的一步。

"阿波罗 9 号"是第一艘以登月配置发射的"阿波罗号"飞船，飞船上的 3 名航天员分别是指令长詹姆斯·麦克迪维特、指挥舱驾驶员大卫·斯科特、登月舱驾驶员拉塞尔·施韦格特。飞船原定于 1969 年 2 月 28 日发射，但由于 3 名航天员都患了感冒，鉴于"阿波罗 7 号"的情况，发射推迟了几天。

3 月 3 日上午 11 时，"土星 5 号"火箭腾空而起，火箭的飞行非常平稳。起飞 11 分钟 13 秒后，S－4B 第三级点火，把飞船送入距地面 190 千米的轨道。3 名航天员开始了名副其实的太空生活。他们尽量缓慢地做着各种操纵飞船所必需的动作，尤其十分注意避免头部的突然转动，以免加重刚来到微重力环境时出现的眩晕。

起飞 2 小时 43 分钟后，斯科特把火箭和指挥舱分开。待两者离开一段距离后，他操纵飞船转了 180°，与仍在火箭顶部的登月舱成功对接，并将其从火箭上拉出，首次在太空驾驶着完整的"阿波罗号"飞船离开了火箭。接下来的一天，航天员们开始为将要进行的各项试验做准备。

第 3 天早晨，麦克迪维特和施韦格特为航天服加了压，准备进入登月舱。就在这时，施韦格特突然呕吐起来。处理完这件麻烦事后，两人相继从指挥舱进入登月舱，然后关闭了通往指挥舱的舱门。登月的一个重要环节是部署着陆装置。施韦格特按动按钮后，登月舱的着陆支架优雅地伸展开来。然后，他们又对登月舱的操纵系统等进行了一系列试验。在登月舱中，两人还试用了将要在月面上使用的电视摄像机，不定期地向地面进行了短时直播。9 小时后，两人返回了指挥舱。

1969 年 5 月 18 日发射的"阿波罗"10 号飞船进行了登月全过程的演练飞行，绕月飞行 31 圈，两名宇航员乘登月舱下降到离月面 15.2 千米的高度。

1969 年 7 月 17 日上午 9 点半，拥进肯尼迪角发射场的成百万观众，以及世界各国更多的在电视机前的观众，都目不转睛地注视着矗立在发射架上的那枚高约 110 米的土星 5 号巨型火箭。在一阵突发的浓烟和耀眼火光的伴随下，"阿波罗 11 号"宇宙飞船带着 3 名宇航员首途赴月球，他们是指令长阿姆斯特朗，以及科林斯和奥尔德林。与他们一起升空的还有"哥伦比亚号"指令舱和登月舱——"鹰"。他们的飞行和在月球上的活动将成为人类历史的一部分。

在飞船围绕月球转到第 11 圈的时候，穿着加压和密封宇航服的阿姆斯特朗和奥尔德林，尽管看起来有点臃肿和笨手笨脚，还是很顺利地从一处连接通道爬到了登月舱去，这时，只有科林斯一人继续留在指令舱里。一切准备停当之后，登月舱"鹰"与指令舱"哥伦比亚号"脱离，开始向月球降落。

登月三勇士

1969 年 7 月 20 日美国东部时间下午 4 时 17 分（相当于北京时间 7 月 21 日早上 5 时 17 分），阿姆斯特朗从 38 万多千米以外的月球传回来了自己的声音："休斯敦，这里是静海。'鹰'已经着陆。"6 个半小时之后，也就是比预定计划早约 4 个小时，阿姆斯特朗小心翼翼地把他的左脚踏在带点棕栗色的月球表面上，并宣称："这对个人来说是一小步，对人类来说是一大步。"19 分钟之后，奥尔德林也踏上了月球，成为把自己脚印印在月面上的第二个人。

在月球重力很小的情况下，宇航服实际上并没多大重量，更不要说妨碍行走和活动了，两位宇航员在月面上像袋鼠般慢步跳跃。奥尔德林把月亮上的情景称作"绝妙的孤寂"。他们在月面活动期间共收集了 20 多千克的土壤和岩石标本，以便带回地球供科学家做实验。他们在月球上设立了"月震"仪，用来记录可能发生的月震，并把有关数据传回地球；还竖立起了一块反射镜。用来把从地球发射来的激光束反射回去；还立起了一面由很薄的铝箔做成的旗帜，旗帜冲着太阳，期望它能觉察到氖、氩、氦等化学元素的原子核的存在。

知识点

"阿波罗号"飞船

"阿波罗号"飞船身形高大，总高 25 米，直径 10 米，重约 45 吨，由指挥舱、服务舱和登月舱 3 部分组成，最多能乘坐 3 名航天员。

指挥舱是航天员在飞行途中生活和工作的座舱，也是整个飞船的控制中心。该舱为圆锥体，高 3.2 米，重约 6 吨。指挥舱壳体结构分为 3 层：内层为铝合金蜂窝夹层结构，中层为不锈钢蜂窝夹层隔热层，外层为环氧—酚醛树脂烧蚀防热层。

服务舱的前端与指挥舱对接，后端有推进系统主发动机喷管。舱体为圆筒形，高 6.7 米，直径 4 米，重约 25 吨。服务舱采用轻金属蜂窝结构，周围分为 6 个隔舱，容纳主发动机、推进剂贮箱和增压、姿态控制、电气等系统。

登月舱由下降级和上升级组成，从地面起飞时重 14.7 吨，宽 4.3 米，最大高度约 7 米。下降级由着陆发动机、4 条着陆腿和 4 个仪器舱组成。

延伸阅读

为何没有阿波罗2号和3号

阿波罗1号，是追溯给阿波罗－土星204（AS－204）的正式名称，在1967年1月27日进行的一次例行测试中，指令舱发生大火，三名宇航员丧生。

当北美人航空运送太空船CM－012到肯尼迪航天中心时，太空船上被挂上"阿波罗1号"的横额，而于1966年6月，格里森等人就已得到使用"阿波罗1号"臂章的批准，但美国航天局计划称该任务为AS－204。火灾发生后，太空人的遗孀们要求保留"阿波罗1号"的代号给他们丈夫。一段时间，任务策划人员称呼下一次接着的发射为"阿波罗2号"。亦有人建议任务名称为"阿波罗1号"（AS－204），"阿波罗1A号"（AS－201），"阿波罗2号"（AS－202），及"阿波罗3号"（AS－203）。

最后，美国航天局的"计划命名委员会"通过"阿波罗4号"为首次（非载人）阿波罗－土星5号任务（SA－501），但宣布不会追溯命名AS－201、AS－202及AS－203。阿波罗1号（AS－204）的土星IB号运载火箭从34号发射中心被拆下，后来于37B号发射中心重新组装，用作发射阿波罗5号登月舱LM－1至地球轨道遂行首次登月舱测试任务。

首次登月之后的"阿波罗计划"

"阿波罗12号"

"阿波罗12号"载人登月飞行的计划和准备工作，几乎是与"阿波罗11号"同时进行的。3名宇航员是指令长康拉德，以及比恩，他们两人被指定进行月面活动；还有一位是戈登，他的任务是留在指令舱里，接应康拉德等。

1969年11月19日美国东部时间凌晨1时54分（北京时间同日14时54

分），由康拉德和比恩组成的第二批月球探险队，几乎是准确地在预选的地区安全降落，降落点位于风暴洋，东距停在静海里的"阿波罗 11 号" 1 500 多千米，距离 1967 年 9 月发射到月球上去的无人驾驶宇宙飞船"勘测者 3 号"很近，走过去就可以了。为了研究月球环境对"勘测者 3 号"的作用和影响，取得第一手资料，他们卸下了它的一些部件并带回地球。

此外，他们还收集了 50 多千克的月球岩石和土壤标本，从获取地震信息的角度检查了些月球岩石。他们留在月球上的仪器设备有"第一座核动力科学实验站"，期望它能在一段时间里，把观测和收集到的信息和数据，传回到地球上来。

宇航员在月球上活动

"阿波罗 12 号"刚把在月球上采集到的各种标本带回来的时候，它们一点也没有引起人们的特别注意，与以前带回来的相比也没有什么明显的区别。在用辐射计等检验之后，情况有所改变，科学家们发现其中一块柠檬般大小的月岩的辐射强度异乎寻常的大。进一步的研究表明，这块浅灰表面、不甚透明的白色结晶和带深灰条纹的月岩，其所含的铀、钍和钾等元素，竟然比其余月岩要高出 20 倍。由此而得出的结论是，这块月岩的年龄大约是 46 亿年，即比已在地球上发现的岩石的年龄都大。科学家们进一步认为，它是在太阳和太阳系天体开始形成的时候，也同时产生和形成了。

这是个极有价值的发现，其意义在于说明了在过去极其漫长的历史阶段，月球表面经受的变化是很小很小的。

"阿波罗 13 号"

载着洛弗尔（他曾是第一次载人月球轨道飞行的"阿波罗 8 号"的宇航员）、海斯和斯威加特 3 位宇航员的"阿波罗 13 号"宇宙飞船以失败告终。

这次投资 3.5 亿美元的飞行，没有从预定的着陆区、位于哥白尼环形山南面不远的弗拉·摩洛地区带回任何月岩标本。

正当飞船离地球约 33 万千米，到达目的地只剩下最后一段路程时，服务舱中存放液氧的箱子发生爆炸，把服务舱炸了一大窟窿。不久，由于服务舱不断漏气，使飞船失去稳定，船身做不正常的滚动，舱内气压急剧下降。氧和水失去大半，严重地威胁着宇航员的生命。

很明显，飞船已不可能降落月球，问题在于如何采取一切必要的措施，只求宇航员们能平安地回来，一次登月飞行即刻变成了一次逃命航程。地面飞行指挥中心组织了数以百计的专家进行计算，并由几名宇航员在地面的登月舱模拟器里作模拟操纵，将取得的资料经过计算后变成为建议性的程序。

由于飞船已离地球太远，无法直接调头返航，只能先绕过月球之后，再进入一条重返地球的轨道。

首先必需采取的措施是使飞船稳定下来。为此，开动了小型的姿态控制火箭。服务舱遭到了严重的破坏，幸好指令舱和登月舱还完好，于是，登月舱的设备被用来救急。飞船是依靠登月舱的发动机、电源、氧和水等，才得以飞回地球。当飞船抵达离月球只 200 多千米时，宇航员启动登月舱的下降发动机约 31 秒钟，使飞船暂时进入绕月球飞行的轨道。飞船转到了月球的另一侧之后，登月舱的发动机再次启动约 4 分半钟。就这样，"阿波罗 13 号"终于进入了返回地球的航程，并在返回过程中不断校正航向，"阿波罗 13 号"终于死里逃生回到地球。

"阿波罗 14 号"

1971 年 1 月 31 日，"阿波罗 14 号"轰隆隆地起飞了，3 名宇航员是美国海军的谢泼德和米切尔，以及空军的罗塞。作为在月面上进行科学实验和活动的第五和第六位宇航员，他们分别在月面上各活动了两次，每次都在 4 小时以上。一辆特别设计的手推车，使他们在崎岖不平的弗拉·摩洛地区走出了 5 千米，并收集到近 50 千克的月岩和土壤样品。

他们也在月球上装置了一座核动力科学实验站，竖立了激光反射器和测量太阳风的仪器。他们曾想攀登上一座高大环形山的顶端，但是，没有能实现。

"阿波罗 15 号"

1971 年 7 月 26 日，"阿波罗 15 号"宇宙飞船发射成功，船组人员也是由

3 名宇航员组成，他们是斯科特（曾是"阿波罗 9 号"飞船船组成员）、欧文和沃登。斯科特和欧文乘坐的登月舱降落在雨海边缘、亚平宁山脉附近的一处叫哈德利沟的地方。沃登则一直滞留在绕月轨道的指令舱内，关注着登月舱的下降和上升，迎接斯科特等的归来。

　　此外，"阿波罗 15 号"第一次把一辆月球车带到了月球上。月球车重 200 多千克，靠蓄电池驱动。从它的模样和大小看起来，它很像是沙漠中的一个大甲虫。

美国的"阿波罗"月球车

　　由于装备上的改进，大大延长了宇航员们在月球上的停留时间。斯科特和欧文在月面的停留时间超过了 66 个小时，其间，他们三次走出登月舱，在月面上活动了 18 小时以上，为"阿波罗 14 号"宇航员舱外活动时间的两倍多。月球车使他们在月面上的活动更加方便，他们总共行驶了 28 千米，收集到各类岩石和土壤标本 70 多千克。

　　宇航员们在哈德利地区活动的成果是丰硕的，他们收集到的标本之多，是前所未有的。月球车上装有一套电视摄像设备，它使地球上的人们随着月球车的活动，与宇航员们一起经历月球上的颠簸、险境，和逼真地欣赏到月面绮丽景色。宇航员们在哈德利沟地区附近，惊人地发现月球土壤是由好些层构成的，在一处深挖 3 米的地方，竟可以分出 58 层。说实在的，每一层都可以为我们讲述一段很精彩的月球演化历史。

"阿波罗15号"所获得的月震资料表明，在月球南半部第谷环形山以西、大致月面以下900来千米的深处，存在着一个震源。据推测，在那个深度，在一处袋形地区，集中着处于熔融状的岩浆，其直径至少有几十千米，正是由于它的活动，产生出月震。

在绕月轨道上指令舱内的沃登，也做了大量工作，他对月球作了目视观测和进行广泛的照相。在100多千米的高度上，他看到并报道了澄海东南边缘上的火山灰锥状地形。此外，他还发射了一个重约35千克的"孙卫星"，直到"阿波罗15号"飞船船组人员返回地面很久之后，它还在不断地向地球发回所收集的宝贵信息和数据。

"阿波罗16号"

"阿波罗16号"飞船的3名宇航员是约翰·杨、杜克和马丁利。飞船于1972年4月16日发射成功，目的地是月球赤道附近的笛卡儿高地。据认为，这个高地的面貌在好多方面都与月背的情况颇相像。与"阿波罗15号"一样，这次飞行也带了一辆月球车供月面交通之用。

约翰·杨和杜克在月面上总共停留了73小时，其中在舱外活动的时间为20.25小时，安装仪器设备，进行现场探测和收集标本。此外，高质量的月球车为宇航员们提供了良好的服务，是他们的好帮手，它载着宇航员在崎岖不平得厉害的月面上，来回奔走了约27千米。

"阿波罗16号"飞船共收集了95千克左右的月球岩石和土壤，它们被送回地球之后都由科学家们作了仔细的观察、检验和分析。对30多个土壤样品进行分析的结果，发现它们的组成成分中，碳占了很大比例。在这些样品以及早些时候采集的标本中，都发现了原始的有机物。但我们不能由此得出结论，说它们与地球上的生命起源有关。然而，进一步的分析和符合客观实际的科学推论，肯定会在这方面为我们提供重要信息，那就是：生命应该怎样起源。

最后一艘"阿波罗号"飞船

"阿波罗17号"宇宙飞船的发射，可以看作是美国空间探测计划一个阶段的结束。这次肩负探测任务的3名宇航员是：塞尔南、伊文思和施密特。与塞尔南一起踏上月面的施密特，是位职业地质学家，也是对月面进行实地考察的第一位专业科学家。他的专业知识是无可怀疑的：他从哈佛大学得到地质学博士学位，从加州理工学院得到科学学位；他一生从事地质学的教学和研究工作，并且还是早期宇航员们的地质学导师。

这最后的一艘飞船降落在澄海东南边缘附近的一处比较平坦的地方。这里是一处山谷中的平地，其南面是高 2 000 多米的山，此面的山较低，但也有 1 500 米左右。降落在静海里的第一艘载人登月飞船——"阿波罗 11 号"，就在它南面 700 多千米处。

"阿波罗 17 号"是在 1972 年 12 月 11 日发射的，5 天后抵达目的地。它也带了一辆月球车，是带到月球上去的第三辆月球车。这是一辆经过改进了的月球车，它可以用于记录月球表重力及其变化和测量月面的一些其他情况。宇航员们在月面的停留时间接近 75 小时，其间曾 3 次在登月舱外活动，每次都在 7 小时以上，使得在月面活动时间达到破纪录的 22 小时。宇航员们最远曾走到离降落点 7 千米多的地方。这也是前所未有的。月球车一共在月球上走了 37 千米的路程。

如果把比较完整的月球信息看做是一条锁链的话，那么在此之前的探测和研究，已经获悉了这条锁链的一些环节，而还缺少另外一些环节。"阿波罗 17 号"的主要任务就是去寻找和补齐这些环节。为了完成这项任务，飞船携带了一些新的装备并计划进行一些更高级的实验项目。宇航员们利用各种新的手段探查了月面以下深处的地层情况，测量了月球的重力，根据月震记录研究了月球的"脉搏"，以及分析了大气中的气体成分。

伊文思在绕月轨道上也并不空闲，他忙于做各种实验，诸如：用红外照相的办法测定月面温度及其变化；用雷达的办法测定月面以下直到 1 千米多的深处的岩石分布情况，并制成比较直观的图；以及用各种可能的手段和方法绘制月球图。

"阿波罗 17 号"宇航员们在月球上的最有价值的发现之一，是月面的橘黄色土壤。有人认为这是由于火山爆发时喷出的挥发性气体以及氧化铁之类的物质。但进一步的检验发现，它的颜色主要来自它所含的 90% 以上的玻璃质，而并非来自铁。此外，月球土壤的年龄据测算约为 38 亿年，也许在此后的月球火山活动中，它只是没有结成板块而已。

1972 年 12 月 19 日，随着"阿波罗 17 号"飞船在南太平洋的安全溅落声，宣告了史无前例的"阿波罗"探月计划的结束。从第一批宇航员登上月

阿波罗 17 号月球车

球到这次溅落，总共历时三年半。不论从哪方面来看，整个探测工作仅仅只是开了个头，还只是"序曲"，大量的工作还等待着去做。对已经取得的大量资料进行分类、整理、编目、观察、分析、评价和再评价等等，也许会使科学家们忙上好几十年。举个例子来说，从月球带回来的 381.7 千克岩石和土壤标本样品，只有一部分得到了充分的检验和研究。总而言之，要解决那么多的月球难题，还需要相当长的时间。

知识点　▶▶▶▶▶

哈佛大学

　　哈佛大学是美国最早的私立大学之一，是以培养研究生和从事科学研究为主的综合性大学。位于美国波士顿附近的剑桥城，建于 1636 年，比美国建国要早 140 年。哈佛大学的建立是由于当时的英国殖民者想在美国的土地上建一座大学，正因为哈佛大学的建立者当中有很多人都是剑桥大学的毕业生，哈佛大学所在的城市也就被命名为剑桥城。其实原来这所大学的名字叫做"剑桥学院"，哈佛大学现在的名字来源于 1638 年一位名叫哈佛的学院院长，这个院长去世时，将自己积蓄的一半和 400 本图书捐赠给这所大学，后来经过议院的投票，决定将这所大学命名为哈佛大学。

　　美国独立战争以来大量的革命先驱都出自于哈佛的门下。哈佛大学被誉为美国政府的思想库。这里先后诞生了 8 位美国总统，40 位诺贝尔奖得主和 30 位普利策奖得主。其商学院案例教学声名远播。这里也培养了创造微软、IBM、Facebook 等一个个商业奇迹的人，知名校友有肯尼迪、奥巴马、竺可桢、比尔·盖茨等。

美国共有多少人登上了月球

从 1969 年 7 月至 1972 年 12 月，美国的 6 艘登月飞船——阿波罗 11～12 号、14～17 号，分 6 次将 12 名宇航员送到月球表面的不同区域。12 名宇航员在月面出舱活动时间总计 80 小时 36 分，其中"阿波罗"11 号宇航员出舱活动最短，仅 2 小时 24 分；"阿波罗"17 号宇航员出舱活动最长，在月面累计活动了 22 小时 5 分。宇航员在月面的活动范围各不相同，"阿波罗"11 号航天员的活动范围仅 0.9 千米，而"阿波罗"17 号宇航员的活动范围达到 37 千米。6 批登月宇航员先后取回 381.7 千克月球样品，并放置了大量的月球探测科学仪器。

除了 12 名宇航员登上月球外，还有另外 12 名美国宇航员飞临了月球上空，但没有在月面降落，其中包括 6 名指令舱驾驶员，他们到达月球上空后的主要任务是在环绕月球的轨道上飞行并等待和接应登月航天员；此外"阿波罗"8 号、10 号和 13 号 3 艘飞船携带 9 人次（其中 3 人执行了 2 次月球任务）到达月球上空，"阿波罗"8 号、10 号的任务是环绕月球飞行，为首次登月做技术准备；"阿波罗"13 号尽管到达了月球上空，但因突发事故放弃了登月计划。

美国：重返月球计划

1998 年 1 月 7 日，美国用雅典娜—2 火箭从卡纳维拉尔角 46 号工位发射了"月球勘探者"探测器。它是继"阿波罗计划"后美国发射的第二颗环月探测器，采用自旋稳定方式，质量 295 千克，环月轨道高度为 100 千米，其主要载荷为 γ 射线探测仪、α 粒子探测仪、磁场仪和多普勒重力计。这项计划耗资 0.59 亿美元，主要任务是对月球火山口的寒冷区和极区冰的含量进行测定，为今后建立月球基地获取资料，还将完成月球表面化学成分的测定、月球全球

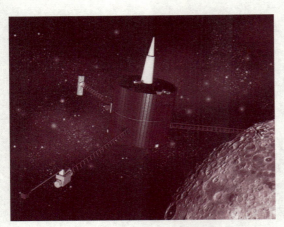

"月球勘探者"探测器

磁场和引力场的测绘。"月球勘探者"所发回的数据比"克莱门汀"探测器要详细得多，这对了解月球起源和整体构造具有重要参考价值。

2004年1月14日，当时的美国总统布什在位于华盛顿的美国宇航局总部发表讲话中，宣布新太空计划，重返月球是其中的最重要的任务。美国航天员最早将于2015年，最晚不超过2020年重返月球，并将在月球上建立永久性常驻基地，以月球作为跳板，为下一步将人送上火星甚至更遥远的星球做准备。为了实施这一宏大的计划，美国将投入2 000多亿美元资金，并研制新的运载火箭、载人飞船和月球工作居住舱。

具体来说，前总统布什的太空计划内容包括完成空间站建设、停飞航天飞机、航天员重返月球、人类登上火星等。这个太空计划雄心勃勃，正如布什自己所说，"不知道这次旅行将在哪里结束"。

长期以来，美国航天界对美国载人航天的下一步目标，是登上火星还是重返月球，一直存在争论。虽然，美国有许多人对火星情有独钟，但登火星在技术和经费上都有巨大困难。显然，在月球上建立太空基地，要比登上火星容易得多。首先，月球与地球的距离较近，事实证明，采用现有的火箭技术，可以将人和货物送上月球，月球与地球之间的通信也没有任何问题。其次，月球没有火星上的那种沙尘暴，在月球表面较容易着陆。当然月球上丰富的资源也具有极大的吸引力。

为了达到重返月球的目标，美国必须重新设计在月球着陆的航天运输系统。在1969—1972年，美国在执行登月任务时使用的"阿波罗"号飞船系统，只是为一次着陆和短暂逗留设计的，指挥舱只能装载3人，月球登陆舱则只能容纳2人。因此，美国必须设计出布什称为"乘员探索飞行器"的新一代飞船。这种飞船能够向月球运送一组航天员和大批物资设备。显然，它将不同于美国原有的"阿波罗"号飞船和现有的航天飞机。另一个技术难题是能源问题。在月球上建立太空基地，需要建立太阳能电站或核反应堆。如果美国计划在 2030 年之后将航天员送上火星，看来还必须发展采用新能源的火箭如核动力火箭，以缩短航天员的飞行时间。

美国在通过"水星号"飞船和"双子星座号"飞船掌握了载人航天的基本技术之后，在 1961—1972 年，耗费 240 亿美元研制了"土星"系列运载火箭和"阿波罗号"登月飞船，先后完成了 6 次登月飞行，把 12 人送上了月球，实现了登月方面超过前苏联的目的，也促进了科学技术的进步。但这项耗资巨大的计划由于缺乏应用目标而无法继续下去，美国不得不转向近地太空的开发，研制航天飞机和空间站。这样，在登月计划中研制的"土星号"系列火箭（"土星 5 号"的低轨运载能力为 126 吨）和发展得比较成熟的飞船技术，至今还没有得到进一步的应用。美国在研制航天飞机和国际空间站过程中，虽然在技术上取得了许多重大突破，在太空科学实验方面，也取得了一大批成果，但也有不少人认为，它所花的费用远远大于它的科学目的和实际用途。2003 年 2 月 1 日，美国"哥伦比亚号"航天飞机机毁人亡，又再次引起了人们对国际空间站的广泛争议。在这种背景下，布什提出太空新计划既可以激发民族自豪感，也可以重新修正美国航天的发展方向。

2005 年 9 月 19 日，美国正式宣布新的登月计划，新登月计划将耗资 1 040 亿美元，将采用新一代航天工具，包括新型运载火箭、形同"阿波罗"号的宇宙飞船和登陆舱。如果一切顺利，美国航天员将在 2018 年（最迟 2020 年）重新登上月球。

新型载人航天器将结合航天飞机和"阿波罗"登月工程中安全可靠的设计和技术，性能更佳。新运载火箭将使用航天飞机的主要部件，诸如外挂燃料箱、固体燃料助推火箭和主发动机，并分为体积较小的载人火箭和体积较大的货运火箭两种，其中货运火箭大小与 109 米高的"土星 5 号"运载火箭接近，用来把货物运到月球表面，留做储备。航天员乘坐的宇宙飞船，名叫"载人探索飞行器"，将被置于运载火箭顶部，它的外形酷似放大了的"阿波罗"号，但质量增加 1 倍，能搭载 6 名航天员，在月球轨道运行达 6 个月之久，并能送 4 名航天员登上月球，在月球上逗留 4 ~ 7 天。

2008 年 7 月 29 日，美国宇航局在华盛顿总部宣布，美国与印度、韩国、日本、加拿大、英国、法国、德国、意大利签署一份合作协议，将共同开展探月活动。

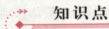

知识点

"克莱门汀"探测器

　　"克莱门汀"探测器重424千克（含推进剂），三轴稳定，于1994年1月25日由"大力神"火箭发射，2月21日进入月球轨道。它的主要目标是对美国国防部下一代卫星所需的轻型成像遥感器及组件技术进行空间鉴定。按计划，它要把月球、一颗近地小行星和探测器的级间适配器（ISA）作为目标，来验证轻型组件和遥感器的性能。作为辅助任务，"克莱门汀"传回了令国际民用科学界感兴趣的宝贵数据，包括发现月球极区可能有水存在。它是一个军民两用航天器，同时也是按照美国航宇局快、好、省原则研制的现代小卫星的典范，实现了减少重量和体积、缩短研制周期以及降低成本的目标。在运行于月球极轨道的过程中，对月球全球进行测绘，共发回了180万幅图片。由于探测器上计算机出现故障，1994年5月7日探测器的燃料耗尽，探测器最终未能完成全部探测任务。

延伸阅读

"重返月球"计划的3个重要方面

　　"重返月球"计划中有3个重要方面值得注意：一是肩负"重返月球"载人飞行任务的下一代航天器"奥赖恩"。目前该航天器已进入研制的关键阶段。按计划，"奥赖恩"将于2014年前执行飞往国际空间站的任务，并在2020年执行飞往月球的载人飞行任务。二是月球着陆器。它是重返月球的关键设备之一。美国航天局说，这种着陆器将能在无人驾驶和有人驾驶两种模式下工作，能快速、安全地在月球上任何地点着陆。三是建设月球永久基地。这需要若干次无人探测先行探路，比如勘测便于登月的月面区域，对月球自然资源进行取样检测，为未来的登陆舱进行技术风险评估等。其中月球基地的选址备受关注，月球的南极和北极是两个备选地点。

俄罗斯欲翻开探月新篇章

1959 年 9 月 14 日，前苏联的无人登月器"月球 2 号"成为第一个到达月球的人造物体。此后 20 年间，前苏联先后开展了 29 次探月活动，并取得了辉煌的成就。然而，伴随苏联的解体，俄罗斯经济发展一度停滞，在资金缺乏的情况下，俄罗斯航天不得不被迫瘦身，其月球探索在这一时期几无进展。

进入 21 世纪后，石油天然气等资源给俄罗斯带来了丰富的回报，俄罗斯再燃大国梦想，在这样的背景下，俄罗斯重新开启探月旅程，宣布在 2025 年前将宇航员送上月球。至此，昔日曾翱翔太空的双头鹰再次将目光投向月球。

随着国际探月竞争的加剧，美国、欧洲、日本乃至印度等国家和地区对月球的探索步伐越来越大。俄罗斯这个曾经在探月方面遥遥领先的国家，不得不重新审视自己的实力与探月计划的战略意义。于是，在全球探月高潮到来的大背景下，俄罗斯重新发力，向月球发起"冲锋"。

2007 年年初俄罗斯月球探索先驱、拉沃奇金科学生产联合公司总设计师戈奥尔吉·波利修克突然"语出惊人"，他透露，俄罗斯计划在 2009—2010 年开始实施自己的探月计划。

该计划不仅要实现俄罗斯载人登月的梦想，还要在月球建立永久基地。在戈奥尔吉发表上述讲话后，8 月 31 日俄罗斯航天署署长阿纳托

戈奥尔吉·波利修克

利·佩尔米诺夫亲口承认，俄罗斯将在 2025 年之前将航天员送上月球，并将在 2027—2032 年间建立常驻月球考察基地，至此俄罗斯的探月计划浮出水面。

拉沃奇金科学生产联合公司是俄罗斯最重要的空间探索科研机构之一，戈奥尔吉作为该机构的总经理和首席设计师，他的话成为外界解读俄罗斯探月规划的重要参考。

戈奥尔吉表示，按照《2006—2015 年宇航计划》，俄罗斯第一阶段的月球探索任务应在 2012 年开始实施，但这一计划很可能会提前到 2009 年至 2010 年实施。2011 年至 2012 年，俄罗斯将进行首次载人探月飞行，同时俄罗斯拟加强同印度、中国和欧洲等国家和地区的合作。

根据戈奥尔吉的说法，俄罗斯探月计划是一个开放的计划，俄罗斯希望能够通过国际合作来开发太空，从而减少在探月方面的预算开支。同时，加强国际合作还能够有效降低风险，避免国际探月领域的无序竞争。因此俄罗斯希望在保持本国既有优势的前提下，加强与美国和一些"探月后来者"的合作，以为本国空间技术发展创造一个更为良好的外部环境。但事情并不像俄罗斯航天规划者想的那样顺利，据美国一家国际航天杂志透露，美国在 2006 年底宣布要建设月球永久基地后，俄罗斯曾表示愿意提供技术和经验来与美国共建月球基地，但此举被美国"谢绝"。后来俄罗斯联邦航天署署长佩尔米诺夫在 2007 年 4 月对俄罗斯媒体说："我们已经做好准备与美国合作，但是出于某些原因，美方宣布他们将独自完成这个项目。"在遭到美国的拒绝后，俄罗斯更加重视自身探月计划的制订和实施。虽然俄罗斯此前已表示将继续加强在航天探月领域的国际合作，并将为印度等"探月后来者"提供技术经验等帮助，但俄罗斯新的探月规划还是主要依靠自己的力量，在其制订的探月计划中也看不到美俄合作的内容。后来媒体评论说，"美俄之间的探月竞争已经开始，好戏在后头。"

俄罗斯在力争实现探月载人登陆的同时，还推出"探月旅行"来吸引那些有支付能力的富豪，以此来募集更多的资金。"探月旅行"是由俄罗斯政府控制的宇宙飞船制造商"能源"火箭航天集团提出的。据称游客在空间站内停留 1 周后将乘坐"联盟号"飞船飞往月球，大约 1 周后直接从月球返回地面。俄罗斯方面为"探月旅行"开出的价码高达 1 亿美元，其中仅成本就高达 9 000 万美元。

2007 年 8 月 31 日，俄罗斯航天署署长阿纳托利·佩尔米诺夫在新闻发布会上指出，目前俄罗斯的航天计划已经制订到 2040 年，大体分为 3 个阶段。

第一阶段（短期目标——现在到 2015 年）：完成对国际空间站俄罗斯舱

段的组装任务，使其具备此前国际协议中指定的技术结构，成为完全符合要求的太空科研综合体。

第二阶段（中期阶段——2016年至2025年）：2015年之前国际太空站将完全胜任太空轨道上的工作；2025年之前将宇航员送上月球。

第三阶段（远期计划——2026年至2040年）：2027年至2032年期间将在月球上建立常驻考察基地，2035年后开始实施火星计划。

知识点

"联盟号"飞船

　　"联盟号"飞船是前苏联研制的第三代载人飞船的名字。与之相对应的载人航天计划称为"联盟"计划。它是前苏联在积累了多年经验之后，所开发出来的一种最成熟的载人航天器。它是一种多座位飞船，内有1个指挥舱和1个供科学实验和宇航员休息的舱房。由它衍生出的其他航天器包括：联盟T、"进步号"货运飞船等。

　　"联盟号"飞船是俄罗斯航天部门现在拥有的唯一一种可载人航天器，也是可向国际空间站输送宇航员的仅有两种工具之一（另一种是美国的航天飞机）。"联盟号"飞船在1967—1981年共发射40艘。

延伸阅读

世界上第一个宇宙空间站

　　1967年4月3日，前苏联第一艘载人的"联盟号"飞船顺利发射，而且完成了第13圈的轨道飞行，飞船宇航员向地面报告工作顺利。在飞到第18圈时，操纵和稳定飞船明显发生了困难，即从地面起飞26小时45分后，航天员开始做再入大气层的定向操纵和启动反推火箭的时候，事故发生了……飞船以 644km/h 的速度撞到地面，宇航员弗拉基米尔·科马罗夫上校当即死亡。

"联盟 1 号"失事使前苏联的载人宇航推迟了 18 个月，直到 1968 年 10 月 26 日才发射了一艘新的"联盟号"飞船。"联盟 3 号"宇宙飞船由宇航员别列戈沃伊驾驶在轨道上飞行了 4 个昼夜，然后平安返回地球。在这次飞行中，别列戈沃伊取得的最大成绩是在空间轨道，试图和 1 架无人驾驶的"联盟 2 号"飞船对接。别列戈沃伊让他的飞船和"联盟 2 号"自动接近到相距 200 米处，然后改用手动操纵系统，使两个飞船靠近到仅数米的距离。前苏联的第一次飞船对接是在 1969 年 1 月完成的。弗拉基米尔·沙塔洛夫驾驶的"联盟 4 号"飞船同"联盟 5 号"飞船实行了接近和对接。"联盟 5 号"上的宇航员阿列克谢·叶利谢耶夫和叶夫根尼·赫鲁诺夫穿着宇宙服进入了"联盟 4 号"。人们把对接后的组合飞船称为"世界上第一个宇宙空间站"。

欧洲空间局的探月计划

早在 1994 年，欧洲空间局（或称欧洲航天局）就提出了重返月球、建立月球基地的详细计划。1994 年 5 月欧洲空间局召开了一次月球国际讨论会，会议一致认为人类在机器人技术、电子技术和信息技术等方面取得的巨大发展，已使人类对月球进行低成本的探测和研究成为可能。在此基础上，欧洲空间局成立了月球研究指导小组，提出了今后应加强月球探测与研究，主要包括：发射月球极地卫星，研究和获取高分辨率的月面地貌、化学和地质图像；设立月面站和机器人系统，测量月岩化学成分和矿物

库鲁航天发射中心

成分，采取月球样品，用于地面研究。2020—2035 年载入登月，建立月球基地。

2003 年 9 月 27 日格林尼治时间 23：00，欧洲空间局从法属圭亚那的库鲁航天发射中心成功发射了"智慧 1 号"月球探测器，这是 21 世纪人类发射的第一颗探月卫星。虽然"智慧 1 号"只是一颗小卫星，主要目的在于通过探月的实践，检验在未来深空探测中将使用的一系列高新技术，但它已经把新一轮探月高潮的序幕拉开了。

"智慧 1 号"月球探测器的英文名为 SMART—1，它是 Smal Missions for Advanced Research in Technology 的缩写，意思是研究先进技术的小型航天器。作为欧洲探月的急先锋，"智慧 1 号"就像一个飞向月球的小精灵，它的外形近乎正方体，尺寸为 1 570 毫米 ×1 150 毫米 ×1 040 毫米，发射时的质量为 370 千克，太阳能帆板展开后翼展为 14 米，能提供 1.9 千瓦的电力，造价约 1.08 亿美元。由于总经费较少，"智慧 1 号"大量采用了模块化、通用化设计，结构紧凑，而且它上面的许多零配件都是直接从商店购买，这使其成为了小型化的杰作。它携带的用于完成 10 多项技术试验和科学研究的有效载荷的质量仅为 19 千克。

"智慧 1 号"装载着 6 种科学仪器，其中 3 套遥感仪器用于月球探测，它们分别是多光谱微型照相机、高分辨率的红外光谱仪和小型 X 射线光谱仪。

多光谱微型照相机平均分辨率为 80 米，在 300 千米近月点的分辨率为 30 米（美国月球"勘测者号"的空间分辨率为 200 米）。通过对极区高分辨率成像，可辨别阴影区，进而寻找陨石坑中的水冰。此外，微型照相机还与地球上的光学地面站相配合，进行激光通信试验。

红外光谱仪在 0.93～2.4 微米范围内划分 256 个谱段。利用这些数据，可精确地确定各种矿物的成分。例如，可将月壤中的辉石与橄榄石辨别出来，这对了解月球外壳物质的演变是很重要的。这种红外光谱仪是由欧空局第一次研制和使用的，如果在探月中获得成功，将在未来的火星探测、水星探测、小行星和彗星探测中进一步应用。

小型 X 射线光谱仪用来测量 X 射线荧光，从而绘制月球表面的元素成分图。利用这些数据，可准确地计算月球外壳的成分，研究南极的陨石坑结构特征，绘制月球资源分布图。这种小型 X 射线光谱仪也是今后水星和太阳系其他行星探测的必备仪器。

"智慧1号"探测器

　　"智慧1号"还是世界上第一个利用太阳能电火箭作为推进装置进行远距离飞行的航天器。

　　按照预定计划，"智慧1号"的整个飞行过程分为发射与早期入轨、地球逃逸、月球俘获和月球观测4个阶段。除了发射采用化学火箭外，包括早期入轨在内的其他阶段的飞行都依靠太阳能电火箭提供推力来完成。这是它最为突出的特色和亮点。但是，由于电火箭产生的推力很小，加速很慢，故而进入最终飞行状态需要的时间要比采用化学火箭所用的时间长得多。

　　为"智慧1号"提供飞行动力的太阳能电火箭发动机，严格说来是太阳能等离子体发动机。它使用氙气作为工作介质，并采用高效的砷化镓太阳能帆板将太阳光能转换成电能进而产生电磁场，利用电能电离氙气原子，形成等离子体，再通过电磁场的作用，使氙离子流高速喷出，从而为"智慧1号"提供推力。这种太阳能电火箭比通常使用的化学火箭效率要高10倍，所需推进剂即工作介质较少，可使航天器有更多的空间装载有效载荷。由于它利用的是取之不尽的太阳能，故而能在太空无重力状态下连续运转几年时间。它的缺点是推力和加速度都很小，要使航天器达到预定的飞行速度，用时很长。它的重要意义在于，假若这次飞行试验成功，今后就会在更远距离航行的航天器上采用这种推进系统。

为了掌握太阳能等离子体发动机的实际技术性能，"智慧1号"上装置了电推进诊断组件，用来监测推进系统的工作情况及其对航天器的作用效果。同时，它还携有航天器电势、电子与尘埃实验件，用以监测推进系统对电子通量、电场和航天器电势的影响，并研究地—月空间的带电环境。此外，它还载有用来试验地球与遥远航天器之间的激光通信技术、实验航天器自主导航计算机技术等先进设备。

在"智慧1号"上所试验的太阳能等离子体发动机等新技术和它采用的多项探测技术，如被证明达到了预期的效果，将会对未来欧洲乃至世界航天技术的发展产生深远影响和重要作用。

知识点

太阳能帆板

太阳能帆板是一种收集太阳能的装置，通常用于卫星、宇宙飞船的供能，也用于安装在环保型汽车顶部。太阳能帆板的基本原理是利用硅等金属的光电效应，将太阳能转化为电能，然后储存在卫星、宇宙飞船、电动汽车的太阳能电池里。

据悉神舟六号载人飞船与运载火箭分离进入预定轨道后，飞船上一对太阳能帆板顺利展开。太阳能帆板有供电和充电两大功能，相当于一个小型发电站。在飞船入轨之前，一对小的太阳能帆板折叠固定在轨道舱的两侧，另一对大的折叠固定在推进舱外侧的舱壁上。在升空阶段，为了使它们免受迎面空气动力流的作用，太阳能帆板折叠收藏在整流罩内，直到飞船进入轨道后才展开。

阿丽亚娜火箭

　　欧洲空间局成立伊始，它就把发展火箭技术当作首要目标，为此由 11 个国家参与组建，成立了阿丽亚娜空间公司。它最早的火箭型号是阿丽亚娜 1 型火箭，这种火箭能将 1.85 吨的有效载荷送入地球同步转移轨道，或将 2.5 吨有效载荷送入轨道高度为 790 千米的太阳同步圆轨道。现在阿丽亚娜火箭已经过渡到 5 型家族时代，它是被广泛使用的型号。阿丽亚娜 5 型火箭是欧洲航天局为了适应市场需求，大力改进开发的火箭品种，跟上几个型号的发展历程近似，阿丽亚娜 5 型火箭也走过了一段曲折不平的道路。

　　1996 年 6 月 4 日，首次鉴定发射因火箭导航电脑系统发生故障而失败；1997 年 10 月 30 日，第二次鉴定发射又因火箭发动机提前关闭致使两颗模拟卫星未能进入预定轨道；2001 年 7 月 12 日，第 10 枚阿丽亚娜 5 型火箭在发射时，火箭最高级推进器提前熄火，导致两颗卫星没能送入预定轨道。直到 2002 年 3 月 1 日，第 11 枚阿丽亚娜 5 型火箭的发射才取得了成功。

不甘示弱的印度和日本

　　印度的航天事业从 1962 年起步，经过 50 年的发展，如今在世界航天国家中占据重要的一席。在月球探测中，印度同样不甘落后。

　　2003 年底，印度设计制造的一台使用液氢、液氧为燃料的低温火箭发动机在地面试验中成功燃烧了 1 000 秒，超过了太空飞行所需的 721 秒的最低要求。这次试验的成功使得印度成为继美、俄、法、中、日之后世界上第 6 个有能力自行制造低温火箭发动机的国家。随着印度研制的低温发动机取得巨大进展，加上已有的卫星遥感技术走在世界前列，印度实施月球探测计划的技术已经成熟。

　　也是在这一年，印度启动了月球探测计划。该计划代号为"钱德拉扬"

（即"月球初航 1 号"）。

印度绕月卫星由印度极轨卫星运载火箭发射，最终进入距离月球 100 千米的月球极地轨道运行，对月球表面进行两年的探测，主要任务是测绘地貌、分析化学成分和调查矿物分布。

印度科学家积极研制 32 通道的频谱仪、低能和高能 X 射线频谱仪、太阳 X 射线频谱仪和激光测高计。另外，用来测量极地水冰的合成孔径雷达将由美国的约翰霍普金斯大学的应用物理实验室研制。为了接收月球探测器的信号，印度正在建设 34 米直径的天线，印度卫星测控中心的专家认为，对于印度的探月任务来说，25 米直径的天线就足够了，但为了今后的深空探测任务，必须留有余地。

2004 年 11 月 22—26 日，第 6 届月球探测与应用国际会议在印度召开，印度不但以自己的月球计划吸引了全世界的眼球，也以辉煌的航天成就向世界证明了，印度正在成为具有全球影响力的航天大国。

日本于 1970 年发射了第一颗人造卫星，此后的很长一段时间内，日本都处于国际航天业的前列。在"飞天号"科学卫星绕月成功后，日本航天界信心大增，1991 年又制订了别出心裁的月球探测计划，其中包括研制和发射"月球 A 号"和"月女神"等探测器。1994 年，日本制订了一个更加雄伟的计划：投资 260 多亿美元，在 2024 年建成一个 6 人的月球基地，包括居住地、氧和能源生产厂以及月球天文台等。

"月球 A 号"由日本空间和宇宙科学研究所研制，重 540 千克，计划在上面搭载两个各高 80 厘米、直径 16 厘米的"矛型"钻探装置，卫星到达月球表面以后，两个钻探装置将插入月球地表，装置上携带的地震测量仪、热流量计等科学仪器将探测到的数据向卫星传送，再传回地球。

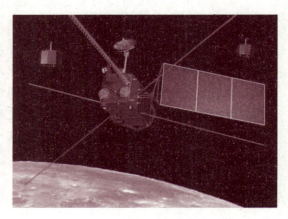

"月女神"探测器

"月女神"探测器计划由日本宇宙开发事业团与日本空间和宇宙科学研究所共同实施。该计划的主要目标

是解决探索太阳系所必需的关键问题，特别是软着陆和数据中继技术。日本称"月女神"是日本未来月球探索计划的第一步，将为2024年日本建立有人月球基地奠定基础。

目前，日本已在月球机器人上技高一筹，积累了丰富的技术经验。日本宇宙科学研究所和东京大学开发成功了一种月球探测鼹鼠机器人，它的外形是一个直径10厘米、长20厘米的圆筒，可以像鼹鼠一样钻入月球地下11米，采集矿物质加以分析，弄清月球地表的结构。它有排砂和掘进两种装置，排砂装置有两根旋转的滚柱，能把挖出的砂石辗轧结实，掘进装置则把活塞顶在辗轧后的砂石上，用活塞推动身体前进。研究人员下一步的任务是制作月球地面配合设备，设计中的地面设备直径为20～30厘米，内装有太阳能电池。月球地面设备除了向机器人供应电力之外，还负责接收机器人的探测数据，向地球发送信号。

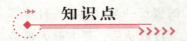

知识点

液　氢

液氢是由氢液化而成的无色无臭透明液体。沸点－252.7℃，冰点－259.1℃，沸点时密度0.070 77g/cm³。是重要的高能低温液体火箭燃料。正常氢气是由正氢和仲氢分子组成，液化时需在催化剂作用下使正氢迅速和接近全部地转化为仲氢，以避免液氢贮存中正氢继续向仲氢转化而产生转化热，从而导致液氢挥发损失。氢的液化采用压缩、膨胀、冷却、压缩循环过程。液氢与液氧组成的双组元低温液体推进剂的能量极高，已广泛用于发射通讯卫星、宇宙飞船和航天飞机等运载火箭中。液氢还能与液氟组成高能推进剂。

氢能源

在众多的新能源中，氢能将会成为 21 世纪最理想的能源。这是因为，在燃烧相同重量的煤、汽油和氢气的情况下，氢气产生的能量最多，而且它燃烧的产物是水，没有灰渣和废气，不会污染环境；而煤和石油燃烧生成的是二氧化碳和二氧化硫，可分别产生温室效应和酸雨。煤和石油的储量是有限的，而氢主要存于水中，燃烧后唯一的产物也是水，可源源不断地产生氢气，永远不会用完。

氢是一种无色的气体。燃烧一克氢能释放出 142 千焦的热量，是汽油发热量的 3 倍。氢在氧气里能够燃烧，氢气火焰的温度可高达 2 500℃，因而人们常用氢气切割或者焊接钢铁材料。氢的重量特别轻，它比汽油、天然气、煤油都轻多了，因而携带、运送方便，是航天、航空等高速飞行交通工具最合适的燃料。

中国的"嫦娥"绕月探测工程

2003 年，中国继美国和前苏联之后，成为第三个用自己的火箭将人类送入太空的国家。

既然"神五"、"神六"都走了一趟回来了，"再加把劲儿不就到月球了吗?"很多人都这么想。然而做起来可不容易。

中国过去发射过各种地球轨道卫星，其中飞行最远的是"双星探测"卫星，飞行距离地球 8 万千米，而月球距离地球约 38 万千米，是地球同步轨道卫星距离地球的 10 倍，是"双星探测"卫星距离地球的 5 倍。发射月球探测卫星不仅要跨过这样远的距离，而且月球探测卫星飞往月球所面临的环境，也和地球卫星有着明显的不同，更加复杂和严酷。从地球到月球之间和在环月球轨道上的环境十分恶劣，对航天器的影响极大。卫星在这样的环境里运行，充满着未知数。对实施探月工程的中国航天是一个巨大的挑战。中国的科研人员能否突破关键技术和难题，确保"嫦娥一号"卫星研制质量和可靠性，事关"嫦娥工程"的成败。

2004年"嫦娥"绕月探测工程正式立项，随即开始了试制和工程研制，到2007年4月发射，在短短3年多的时间里，整个工程队伍坚持自主创新，刻苦攻关，先后突破了绕月探测工程各项技术难关，取得了全面的胜利。

突破技术难关

突破轨道设计与飞行程序控制关

"嫦娥一号"探月卫星飞行轨道与地球卫星飞行轨道不同，地球卫星飞行轨道只有椭圆轨道或圆轨道两种，而"嫦娥一号"月球探测卫星在飞向月球的过程中要经过调相轨道段、地—月转移轨道段、月球捕获轨道，最终到达环月轨道，即要飞经4个不同轨道段。由于地球、月球和卫星都在运动，在地、月、卫星三体运动条件下及月球引力场的异常复杂性，使得"嫦娥一号"卫星的轨道设计，较以往的地球卫星轨道设计更为复杂。为了保证"嫦娥一号"顺利到达月球，在调相轨道阶段，要进行4次轨道调整，使"嫦娥一号"在预定的时间到达地—月转移轨道的入口。在地—月转移轨道飞行过程中，计划要进行1~2次轨道修正，消除误差，确保"嫦娥一号"能够准确到达月球附近，到达月球近旁后，还要经历3次轨道调整，使"嫦娥一号"从最初的双曲线轨道变为椭圆轨道，然后进一步缩小椭圆轨道的扁率，最终使"嫦娥一号"在一条高度为200千米、倾角为90°的圆形轨道上绕月飞行，并开展探测活动。在环绕月球运行过程中，还要考虑月球对"嫦娥一号"的遮挡，运行期间的光照条件及月食对"嫦娥一号"日常工作的影响等，此外，在轨道设计时还要考虑运载火箭、发射场、地面测控系统等方面的要求。

综合上述各约束条件，经过大量计算分析，并对其中的一些不利的结果加以甄别和排除，最终突破了轨道设计与飞行程序控制技术，使轨道设计达到了最优化，使"嫦娥一号"奔月飞行所需能量最少。

突破三体定向关

地球卫星在轨道运行时只需同时完成对地和对日的二体定向，即卫星上的太阳翼对准太阳，保证获得足够的光照并产生足够的电能，而星上的通信或遥感装置对准地球表面，以便执行任务。"嫦娥一号"在环绕月球飞行过程中，要始终保持对日、地和月三体定向，即月球探测卫星太阳帆板对日，以保证获得足够的光照并产生足够的电能；"嫦娥一号"的探测目标是月球，因此卫星必须保证科学探测仪器对准月球表面；为了将获取的科学数据送回地球，"嫦娥一号"在环绕月球飞行的过程中还应将定向天线对准地球，在限定的时间内将"嫦娥一号"自身工作状态信息和科学载荷的输出结果发回地球。

上述条件只要有一个对不上就很难工作。由于地球、太阳和月球的空间关系随时都在发生变化，而且比较复杂，给三体定向带来很多困难。为使"嫦娥一号"上的科学探测仪器始终对准月球表面进行连续探测，首先要解决观察月球的"眼睛"，即采用什么样的敏感器。地球卫星对地球的定向，采用技术成熟的红外地球敏感器，但这种敏感器并不能应用月球探测上，因为月球没有大气层，也就没有稳定的红外辐射带，因此红外敏感器虽然技术成熟，但在月球探测上派不上用场。月球有稳定的紫外辐射，我国经过攻关自主研发了紫外月球敏感器作为"眼睛"观察月球，同时采取三轴稳定的姿态控制方式，保证了星体上安装的科学探测仪器的一面，始终朝向月球。为保证太阳帆板对日，采用了一种特制的驱动机构，它能带动太阳帆板实现360°的转动，利用太阳帆板上的敏感器来捕获太阳的方位，然后不断控制驱动机构一直保持太阳帆板获得最佳的太阳光入射角，从而为"嫦娥一号"提供充足的能源。为了使"嫦娥一号"的定向天线一直对准地球，我国研制的定向天线双轴驱动机构，它可在半球空间内实现高精度指向定位要求，从而使定向天线始终对准地球。同时还采取提高卫星控制、制导与导航分系统可靠性等手段，确保了三体定向及精度要求。

突破空间环境关

"嫦娥一号"卫星在奔月飞行中，面临着严酷的空间辐射和冷热环境的考验。

空间辐射环境主要有4个因素：①地球辐射带中俘获的电子和质子。②银河宇宙射线，即指来自太阳系以外的银河系的高能粒子。③太阳宇宙线，是指太阳表面的活动区喷射出来的高能粒子流。太阳宇宙线发生是随机的，一般持续几天时间，在太阳活动峰年出现频繁会更高。④太阳风的低能带电粒子。这样的空间辐射环境会对"嫦娥一号"飞行和工作造成不利影响，尤其是月球又无磁场屏蔽作用，银河宇宙射线、太阳耀斑爆发产生的太阳宇宙射线，会直接作用到环月飞行的卫星上，银河宇宙射线和太阳宇宙射线都可能会引发

高能粒子的破坏事件，使星内电子设备发生故障。我国科研人员经过在防护方面的攻关取得成果，保证了"嫦娥一号"能够在复杂的空间辐射环境下正常工作。

月球环境温差特别大，白天太阳光直射的地方，最高温度可达130℃左右，而背向太阳的一面则为－150℃以下，卫星127分钟绕月球飞行一圈，一半时间有阳光照射，一半时间笼罩在黑暗中，并不断地重复，而所有探测仪器必须保持在±40℃范围内工作，否则会有损坏的危险。因此，"嫦娥一号"对温度控制要求特别高，这个难题通过采用新材料和新技术得到了很好的解决。

突破深空测控通信关

深空测控，一般来讲是指地面通过无线电手段对飞往月球以远的卫星进行跟踪、遥测和遥控的简称。

我国现有的航天测控网只适应36 000千米以下的各类地球卫星和载人航天任务，而地球与月球间平均距离达38万千米，这对我国的探月测控系统提出了挑战：①通信距离远，信号衰减大，比同样发射功率的地球同步轨道卫星信号减弱了127倍；②通信单程时延大大增加，无法实时通信，因为电磁波的传输速度为30万千米/秒，从地球至月球单程需要1.3秒，相当于我们说完话1.3秒后，对方才能听见，这种时延造成了在探月过程中，很难做到实时响应；③无法对绕月探测器进行连续观测，这是因为在我国国土上最多只能连续观测10多个小时，不能实现全天时的观测；④提高测量精度有极大难度，对航天器的轨道测量包括测角、测距和测速，最终确定航天器的准确位置，但依靠一个测控站来测量轨道时，很难提高测角的精度，而且随目标距离增大，引起的位置误差也增大等。

当时测控系统成了制约整个探月工程的瓶颈。我国航天科学家经过充分论证，提出了在采用我国航天测控网的基础上，利用上海天文台佘山站、国家天文台北京密云站和云南昆明天文台射电望远镜的观测能力，让天文台甚长基线干涉天文测量网系统进行辅助测量，以提高测量精度的方案。与此同时我国一线的航天科研人员通过技术攻关和加强国际合作等措施，在很短的时间就解决了所有技术难题，从而满足了"嫦娥一号"月球探测器的深空测控要求。

应对月食

"嫦娥一号"环绕月球飞行的1年时间里，要遇到2次月食。一次全月食，时间约 5 小时；另一次半月食，时间约 3.5 小时。月食期间地球挡住太阳光，如果没有阳光，太阳电池帆板不能供电，然而卫星里为了保证足够的温度需要继续供电，为此科研人员对"嫦娥一号"在遇到月食时如何保证卫星仪器正常工作，进行了深入研究，想了很多对策。

月食是月球进入地球影子时发生的现象，地球的影子有本影、半影之分。当月球的一部分进入本影时，发生月偏食，当月球全部进入本影时，就是月全食。

在半影区域内，太阳辐射强度逐渐变弱，当太阳辐射强度还比较大时，太阳电池仍能部分供电。这时星上各系统仪器、设备采取设置为最小功耗模式；当卫星进入本影区时。也就是在月全食阶段，太阳能电池停止供电，这时卫星转为由蓄电池组单独供电；在月食阶段，为消除月食阴影和正常轨道阴影的迭加效应，缩短月食阴影时间，"嫦娥一号"在进入月食前需进行调整其在轨道上的相位，使其不产生阴影的迭加；月食期间环境温度会骤然下降，当"嫦娥一号"离开月食本影后，及时调高热控制分系统的补偿加热功率，以保证卫星各部位尽快回温。经过采取上述一系列措施，保证了"嫦娥一号"安全地度过了月食的影响阶段。

发射前的准备

卫星发射是一项复杂的系统工程，需要各系统密切配合、协同工作。从火箭、卫星运抵发射场到发射升空，一般需要 40 天左右的时间。经过一系列复杂流程，对星箭进行测试直至发射。考虑到探月工程是我国首次将航天器送入 38 万千米的外太空，为确保成功，"嫦娥一号"卫星的发射准备时间相对更长一些。

2007 年 8 月 19 日，"嫦娥一号"卫星运抵发射场区，拉开了奔月的序幕。

发射场区由技术区和发射区两部分组成。技术区包括火箭测试大厅、卫星测试大厅。火箭测试大厅和卫星测试大厅装有大功率空气调节器和净化器，可根据测试的需要随意调节温度和湿度。良好的测试环境和先进的技术设备可以同时对两颗不同型号的火箭、卫星进行装配和测试。

"嫦娥一号"卫星运到中心后，先在技术区进行严格的测试，确保星上设备与地面设备匹配，同时解决测试中出现的问题。经测试合格后，对卫星实施推进剂加注，以满足卫星上天后的轨道、姿态控制和卫星正常运行的动力需要。

"长征三号甲"火箭经铁路运抵西昌卫星发射中心后，为确保火箭上单元仪器的可靠性，首先在技术区进行单元测试，经测试合格后转往发射区进行起竖、吊装、对接，并经过分系统匹配测试、4次总检查，以检验箭上设备与地面设备的匹配性，保障火箭无故障升空。

"长征三号甲"火箭和"嫦娥一号"卫星转往发射区后，科研人员在星箭对接的区域形成大封闭环境，达到卫星对温度、湿度和空气洁净度的要求后，进行星箭对接。

"长征三号甲"火箭与卫星在发射区测试合格后，视天气情况，再根据卫星的入轨窗口，决定是否加注燃料，待命发射。

金牌火箭"长三甲"

"长征三号甲"（简称"长三甲"）是一种技术先进而成熟的运载火箭，素有"金牌火箭"的美誉，自1994年2月8日首次发射以来，已经进行了14次发射，成功地将14颗卫星送入所要求的地球同步转移轨道，100%取得成功。

"长征三号甲"火箭从一开始研制就制定了较高的技术指标。为了实现这个指标，科研工作者提出100余项新技术项目，其中重点新技术项目总数为41项；重大技术关键目有4项，即人推力氢氧发动机、陀螺四轴平台技术、液氢加温增压系统、低温氢气能源双向摇摆伺服机构。这些新技术不但代表着当时国内的最高水平，许多项目还赶上或超过了世界航天大国的技术水平。这次为发射"嫦娥一号"卫星，"长三甲"运载火箭进行了多项适应性改进，特别是在可靠性工程上下了大功夫，多项关键环节采取了冗余设计等。

"长三甲"共有3级，火箭全长52.52米。最大直径3.35米，起飞推力2961千牛，第三级采用新型液氧液氢火箭发动机。"嫦娥一号"卫星安装在火箭的最上面，外面有整流罩保护，用支架与火箭捆绑在一起。

发射窗口仅35分钟

发射窗口是指航天器允许火箭发射的时间范围，它是根据航天器本身的要求及外部多种限制条件经综合分析计算后确定的，其范围的大小叫做发射窗口的宽度。

根据地—月的运动规律，"嫦娥一号"卫星每月只有 1～2 次的发射机会。考虑到轨道光照条件对探测器电源系统的影响，将进一步限制上述发射机会的时间。对应于每次发射机会的发射轨道，"嫦娥一号"初始环月姿态、轨道光照条件以及测控条件均不同，经过对 2007 年所有的发射机会进行分析之后，最终选择 2007 年 10 月作为首选发射时机。

对于所选的月球探测卫星进入地—月转移轨道的日期，对应的进入轨道的时刻是唯一的。如果推迟进入轨道的时刻，带来的问题是额外增加中途修正的速度增量，这将使发动机消耗更多的能量。因此发射时刻可延迟多少，即发射窗口的大小，取决于中途修正速度增量的允许范围。

根据轨道设计的分析结果，"嫦娥一号"卫星一年中的每个月有连续 3 天的发射窗口，但这 3 天中也不是任何时候都能发射，每天仅仅在特定的 35 分钟内能够发射。

为加大卫星入轨成功率，西昌卫星发射中心科研人员自加砝码，主动提出了"零窗口"的发射目标，即在预先计算好发射时间，分秒不差地将火箭点火升空。

准时起飞，准确入轨

发射前最后一项重要工作是给火箭加注燃料，首先加注的是一、二级火箭的常规推进剂，然后在发射前 7 小时加注三级火箭液氢、液氧低温推进剂，在所有临射前检查结束后，火箭、卫星、地面设备都工作正常，才进入发射前的倒计时。

"10，9，8，7，……""点火"，指挥员下达了"点火"口令。

2007 年 10 月 24 日 18 时 05 分，"长三甲"运载火箭准时点火起飞，大地轰鸣，烈焰四起，我国探月工程的首颗卫星"嫦娥一号"从发射中心 3 号发射塔架拔地而起，印在火箭身躯上的"中国航天"4 个大字和整流罩上的五星红旗以及中国探月标志格外醒目。火箭一级使火箭克服地球引力和空气阻力的巨大影响，冲出稠密大气层，向东偏南方向飞行。当火箭飞行约 148 秒，便上升到离地球约 60 千米的高度，此时一级火箭关机并脱落，接着火箭二级点火开始工作，火箭继续爬高，并进一步提高火箭的飞行速度。继续飞行 95.3 秒钟后，飞行高度超过 120 千米。此时，火箭已完全冲出大气层，控制系统发出卫星整流罩分离的命令，用来保护"嫦娥一号"探月卫星免受气流冲刷的卫星整流罩被抛掉，二级火箭关机并与三级火箭分离，三级火箭点火工作，最终将卫星送入一条近地点 205 千米、远地点 50 930 千米的大椭圆轨道，称初始轨道。从火箭点火起飞到卫星与运载火箭分离，历时 24 分钟，至此"长三甲"运载火箭完成了运送卫星的任务，以后"嫦娥一号"卫星将依靠自身携带的发动机进行奔月征程。

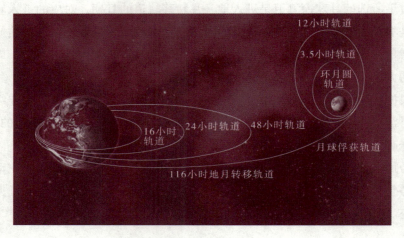

嫦娥探月轨道图

崎岖奔月路

"嫦娥一号"不是笔直地飞向月球，而是经过 4 种不同的轨道飞行以之后飞近月球的。这 4 种不同的轨道是：调相轨道、地—月转移轨道、月球捕获轨道和环月工作轨道。

在环绕地球飞行的调相轨道阶段，"嫦娥一号"卫星通过 4 次变轨（一次远地点变轨，3 次近地点变轨）使其达到进入地—月转移轨道前的各项飞行参数要求。

2007 年 10 月 24 日，"长三甲"运载火箭将"嫦娥一号"送入初始轨道后星箭分离，10 月 25 日 17 时"嫦娥一号"利用自身的推进系统首先进行一次远地点变轨，将环绕地球的大椭圆轨道的近地点从 205 千米提高到约 600 千米。远地点仍为 50 930 千米，轨道周期为 16 小时，然后按程序完成了太阳帆板展开和定向天线展开。10 月 26 日 17 时"嫦娥一号"卫星实施第二次变轨。这是卫星的第一次近地点变轨，"嫦娥一号"卫星第二次变轨后，进入了 24

小时周期轨道。远地点高度由 5 万多千米提高到 7 万多千米。

10 月 29 日和 31 日分别进行了第二次和第三次近地点变轨。第二次近地点变轨，卫星远地点高度由 7 万余千米提高到 12 万余千米，进入绕地飞行 48 小时周期轨道，第三次近地点变轨，卫星远地点高度由 12 万余千米提高到 37 万余千米。第三次近地点变轨后，"嫦娥一号"便进入地—月转移轨道，正式踏上奔月征程。

地—月转移轨道又称奔月轨道。经过调相轨道阶段的 4 次变轨后，"嫦娥一号"即进入飞向月球的 114 小时的地—月转移轨道。

"嫦娥一号"进入地—月转移轨道入口的时机以及运动状态，特别是位置和速度，包括速度的大小和方向非常重要，如果时机不对，无法和月球相会：如果速度过大，将无法进入月球引力作用的范围；如果速度过小，将无法摆脱地球引力场的束缚到达月球。因此，经过调相轨道运动之后，"嫦娥一号"必须达到事先经过仔细设计和审核的位置，并具备所要求的速度大小和方向，才能沿着地—月转移轨道到达月球。为保证"嫦娥一号"按预定的轨道飞行，在飞行过程中，设计规定还要进行 2～3 次轨道修正。但由于运行轨道精度高，在"嫦娥一号"的实际飞行过程中一次修正也没用上。

"嫦娥一号"进入半径为 6 万千米以内的月球引力影响区时，起主导作用的是月球引力，而不是地球引力。这时，飞行轨迹完全变化，由围绕地球的椭圆轨迹，变成围绕月球的双曲线轨道运动。11 月 5 日，地面控制中心对"嫦娥一号"进行了 3 次近月点制动减速，最终"嫦娥一号"顺利完成了被月球捕获。

"嫦娥一号"进入环月工作轨道

"嫦娥一号"进入环月工作轨道后，从科学探测需要考虑，要尽可能地对全月面进行探测，特别是对月球南北两极的探测，因此，环月工作轨道选择极月轨道，即轨道相对月球赤道的倾角为90°。"嫦娥一号"的环月工作轨道面垂直于月球的赤道面，环月工作轨道高度约为200千米，运行周期约为127分钟，在这个轨道上，卫星对月球进行科学探测。

为"嫦娥一号"保驾护航

测控与航天器的关系，可以用"放风筝"来比喻。这里"风筝"是指航天器，"风筝线"则指无线电测控和通信系统。航天器发射后，测控通信系统便成了与航天器联络的唯一手段，也是保障航天器正常飞行的重要手段。

我国"嫦娥工程"一期绕月探测工程的测控通信系统，是立足现有的航天测控网，通过适当的技术改造。便已能满足"嫦娥一号"月球探测器各飞行阶段的遥测、遥控、轨道测量和导航任务的需要。这个航天测控网由南宁站、厦门站、闽西站、长春站、喀什站、渭南站、青岛站、东风站、纳米比亚站、卡拉奇站，以及远望1～4号4艘测量船组成，形成了我国的一个高精度测量带。在承担航天测量任务时，可根据航天器不同飞行阶段的要求，分别选择不同的测控站来完成测控任务。

"嫦娥一号"的测控分几段进行，发射段的测控与西昌发射地球同步轨道卫星相似，测控方案成熟，发射入轨后，使用现有的航天测控网和甚长基线干涉天文测量网实现调相轨道、地—月转移轨道、绕月轨道的测控通信。"嫦娥一号"探测器的全向天线具备在任何条件下与地面测控系统通信联系的能力，保证地面始终对探测器进行有效的测控。

为完成地—月转移轨道段和绕月轨道段探测器测控的任务，采用航天测控网3台12米天线作为骨干设备，绕月轨道运行阶段的长期测控管理工作，由西安卫星测控中心承担，用甚长基线干涉天文测量网系统进行配合。至此，深空测控系统全面保证了"嫦娥一号"从起飞、奔月到绕月，在4种不同轨道上的正常、稳定的飞行。

"嫦娥一号"携带了8种24件科学探测仪器，有效载荷重130千克。它们是CCD立体相机、激光高度计、干涉成像光谱仪、γ射线谱仪、X射线谱仪、微波探测仪、太阳高能粒子探测器和太阳风离子探测器。

上述有效载荷不但能够保证绕月球探测工程科学目标的实现，而且能够部分地用于后续的月球探测计划，并为以后的火星等其他天体的探测打下良好的基础。

四大科学探测目标

在环月飞行期间，对月球进行为期 1 年的环月探测，完成四大科学探测目标。

绘制月球立体地图

月球的地图以前国外已经做过很多，但有很多缺陷。例如，月球上南北纬 70°以上高纬度的地方，由于太阳光是斜照的，照相机拍的效果差一些，所以做得不是太好；还有，南北极的地图也没有完全覆盖，而且大多不是立体图。"嫦娥一号"要完成一个覆盖全月高级别的月球表面三维立体影像，以及观测月球的地形地貌，"嫦娥一号"卫星是利用 CCD 立体相机和激光高度计两者结合来实现的。

"嫦娥一号"卫星的有效载荷要求控制在 140 千克以下，因此探测仪器要做得小、轻而且精。一般说来，立体影像是由 2 台或者 3 台相机从不同的角度拍摄而成，如日本的"月亮女神"月球探测器就是用 2 台相机从前后两个视角观测月球表面。而"嫦娥一号"卫星的相机设计很巧妙，只用了 1 台相机。其巧妙之处在于，利用一片面阵 CCD 组成了这台相机的电子"底片"，在卫星飞行过程中每次只取 CCD 面阵中的前、中、后 3 行象素的信号，相机在随卫星的飞行的过程中，对月球表面进行"逐行扫描"，就会获得星下点、前视 17°、后视 17°三个视角形成的 3 幅二维原始图像数据，经过三维重构后，月球表面三维立体影像就被再现出来。

激光高度计完全是自主创新的探测仪器，分辨率较高，CCD 相机只能在月球表面有光照的情况下获取月表图像，而激光高度计则不受这个限制，在月球背阳面也能照常工作。当探测获得的点积累得足够多时，一张包括月球南北极的全月球的地表数字立体图像就出炉了。

探测月球资源

月球上有很多元素对地球人类的将来是非常有用的，通过探测可以了解，哪些东西是可能对地球人类有价值，这些东西有多少，哪里比较富集等。美国利用 1998 年发射的月球"勘探者"探测器，探测过 5 种元素（铁、钛、铀、钍、钾）在全月球上的分布。而"嫦娥一号"探月卫星要做 14 种元素的全月球分布探测。这样，我们就能更清楚地知道月球上的资源有哪些，以及这些资源的分布情况。

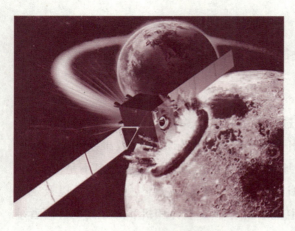

"嫦娥一号"卫星成功撞击月球

"嫦娥一号"探测月球资源是利用干涉成像光谱仪、γ射线谱仪和X射线谱仪3种探测仪器完成的。

月球表面物质的原子受到宇宙射线粒子的轰击后，会激发出各具特征的X射线和γ射线。一些天然放射性元素不用宇宙射线的激发，自身就能发射X射线或γ射线。通过γ射线谱仪测量γ谱线的能量和通量，专家可以推导出月球表面元素的种类和蕴含程度。

但X射线谱仪和γ射线谱仪只能探测月球表面含有的元素，并不知道这些元素形成了哪些矿物质，这项任务由干涉成像光谱仪来完成。由于不同的矿物质能吸收不同的光波，干涉成像光谱仪就根据这个特征判断岩石的种类。

探测月球土壤层厚度

地球上的石油、天然气、煤炭等能源迟早要耗尽，人类渴望获得一种新的能源。^{3}氦是可控核聚变发电的重要燃料，据估算只需要100多吨^{3}氦，就能满足全世界1年的用电量。地球上的^{3}氦资源严重匮乏，而在月球上的资源却很丰富。通过探测全月球月壤层的厚度，可反演出月球^{3}氦的资源量和分布。

为了探测月球土壤的厚度和^{3}氦的资源储量，"嫦娥一号"上搭载了一台微波探测仪，用以实施对月面细致深入的探测，对探测发回的数据进行反演和解析，从而估算出全月球的土壤厚度。

任何温度高于绝对零度（即 – 273℃）的物体都会产生微波辐射能量。利用不同频率的微波信号穿透月球表面物质的能力区别，便可获取月壤的厚度信息。"嫦娥一号"卫星上的微波探测仪被设计成多频微波辐射计，选择的探测频率有3.0GHz、7.8GHz、19.35GHz和37.0GHz。微波的频率越高，其穿透能力越低，如37.0GHz，反映的仅仅是月球的表面微波辐射，而3.0GHz这个波段穿透能力较强，能反映月表深处月岩和月壤辐射的能量。利用测得的月表不同波段的微波辐射能量信息，专家就能分析出月壤的厚度。

土壤不如岩石那样坚硬，比较松散，也便于加工成各种形状的建筑材料，也容易提取其中的各种资源。因此，月球上土壤厚度的估算，对以后选择在哪个地区建立月球基地也十分重要。

探测地—月空间环境

这是我国首次探测距离地球38万千米范围内的日、地、月空间环境，是一项重要的基础性的工作。通过探测太阳宇宙线高能带电粒子和太阳风等离子体，其探测结果能够获得空间环境变化的主要参数，提供相关的日、地、月空间环境信息，研究太阳风和月球以及磁尾和月球的相互作用，对深入认识这些空间物理现象对地球空间以及对月球空间的影响有深远的科学及工程意义。"嫦娥一号"采用搭载的太阳高能粒子探测器和太阳风离子探测器对地—月空间环境进行探测。

宇宙充满了各种射线，太阳每时每刻都在向外发射高能粒子、太阳风。地球由于有一层厚厚的大气层环绕在周围．地球上的万物生灵的脆弱生命才得以延续。地球外围的太阳风，在地球磁场的作用下完全变形，所以，科学家在地球上测到的太阳风都受到了地球环境的影响。月球虽然绕地球运转，但受地球磁场的影响极弱，那里直接受太阳风的冲击。从月球探测的长远目标来看，人最终要在月球上开展活动，摸清月球上辐射的情况，有利于采取有效措施保护航天员的生命和身体健康。

将探测信息传回地球

适时地把探测信息传回地球，是通过"嫦娥一号"卫星上有效载荷数据管理系统实现的。

有效载荷数据管理系统，是卫星上整个有效载荷的管理和控制中心，担负着有效载荷探测的数据采集、数据存储和数据传输的任务。通过有效载荷数据管理分系统将光学成像系统、激光高度计、X射线谱仪、微波探测仪、空间环境探测设备等有效载荷有机地集成到一起。

在"嫦娥一号"处于地面站接收范围以外时，有效载荷数据管理系统所收集和接收的上述数据和参数存储于大容量存储器里；当"嫦娥一号"处于地面站接收范围内时，存储器中的数据与实时收集、接收的数据，立即传输提

供星上数据发射机，然后发送给地球。"嫦娥一号"卫星的数据传输天线有2个，一个叫定向天线，它的指定方就是地球；另一个叫全向天线，是没有固定指向的天线。

由于"嫦娥一号"卫星工作在38万千米之外，因此无线电信号的衰减量大，传输的时间延迟长，地面能够接收到数据的地域覆盖率低。现有的卫星地面接收天线和信道设备都是针对人造地球卫星建立的，无法直接用于完成"嫦娥一号"卫星的数据接收任务。因此，需要大口径天线和特殊的接收设备。为了能够接收从遥远的"嫦娥一号"卫星上传来的数据，我国建设了2座国内最先进的深空探测地面站：北京密云50米天线地面站和云南昆明40米天线地面站。两个大天线像两只巨大的天眼，注意着"嫦娥一号"的一举一动，把从"嫦娥一号"传送来的所有信息接收下来。

通过天线接收下来的信息，是一些二进制的数据，所以要进行数据的预先处理，把这些二进制数据转换成能够被广大科学家使用的图像、谱线等数据，即按照预先设定的程序自动生产出合格的数据产品。但这些产品还不能成为公众所能理解的成果，需要对这些数据产品进行"深加工"，加工成能够很直观地反映月球表面各种特征的图件，例如月球影像图、岩石类型分布图等。

公布探测成果

2007年11月26日，国家航天局公布了"嫦娥一号"拍摄的第一张月球图像，该图像是位于月球东经83°到东经57°，南纬70°到南纬54°，宽280千米，长460千米月面的图像。

"嫦娥一号"卫星自2007年10月24日发射到2008年11月，已完成一年的在轨运行和探测任务，获得了大量科学探测数据，科研人员利用星载CCD立体相机获取的探测数据，制作完成了我国首幅全月球影像图。这幅来自中国月境真实影像，由"嫦娥一号"卫星拍摄的589轨图像数据处理完成，覆盖了月球从西经180°到东经180°，南北纬90°之间的范围，这是目前世界上已公布的最为清晰、完整的月球影像图。在完成第一幅全月球影像图的基础上，用轨道参数和控制点制作全月球三维图的工作也正在开展之中。

中间的探月工程分为3期完成，突破"绕、落、回"三大关键技术。

2008年11月12日，国家国防科技工业局在北京举办了绕月探测工程全月球影像图发布与科学数据交接仪式。"嫦娥一号"获得的第一批科学探测数据，正式向有关科研单位和高等院校移交，而这幅珍贵的全月球影像图，入藏国家博物馆。

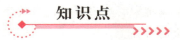
知识点

西昌卫星发射中心

建于 1970 年的西昌卫星发射中心，位于四川省西南部，它具有独特的地理优势，坐落在东经 102°、北纬 28°，所处纬度低，可以充分利用地球自转的附加速度，节省运载工具的能量消耗。主要用于发射地球同步轨道卫星，是我国对外开放最早、承担外星发射最多、综合发射能力较强的卫星发射中心，也是我国实施探月工程的首选航天发射场。经过几十年的不断发展建设，建成了自成体系、配套完善的测试发射、测量控制、通信、气象和勤务保障等 5 大系统。目前，该中心能发射中国自行研制的"长征三号甲"、"长征三号乙"等 5 种大型运载火箭。

延伸阅读

嫦娥奔月

传说远古时候，天上出现了 10 个太阳，直烤得大地冒烟，老百姓眼看无法再生活下去。这时英雄后羿挺身而出，他登上昆仑山顶，运足神力，拉开神弓，一气射下 9 个太阳。后羿立下盖世神功，受到百姓的尊敬和爱戴，不少志士慕名前来投师学艺。

不久，后羿娶了美丽善良的妻子嫦娥。一天，后羿到昆仑山访友求道，巧遇由此经过的王母娘娘，便向王母求得一包不死药。据说，服下此药，能即刻

YUEQIU SHIFOUSHI RENLEI WEILAI DE JIAYUAN

升天成仙。然而，后羿舍不得撇下妻子，只好暂时把不死药交给嫦娥珍藏。嫦娥将药藏进梳妆台的百宝匣里，不料被后羿的徒弟逢蒙看到了。

三天后，后羿率众徒外出狩猎，心怀鬼胎的逢蒙假装生病，留了下来。待后羿率众人走后，他手持宝剑闯入内宅后院，威逼嫦娥交出不死药。嫦娥危急之下将不死药一口吞下。吞下药后她的身子立时飘离地面、冲出窗口，向天上飞去。由于嫦娥牵挂着丈夫，便飞落到离人间最近的月亮上。

月球的开发与基地建设

月球是一个能源宝库。月岩中含有地壳里的全部元素和 60 种左右的矿物，其中有 6 种矿物是地球上所没有的。在月球土壤中，氧占 40%，它是推进剂和受控生态环境生命保障系统的供氧源；硅占 20%，是制作太阳电池阵的原材料。其他元素的比例是，铝 6% ~ 8%、镁 3% ~ 7%、铁 5% ~ 11.3%、钙 8% ~ 10.3%、钛 5% ~ 6%。

月球土壤中还富含地球上稀缺的 ^{3}氦，利用氘和 ^{3}氦进行的氦聚变可作为核电站的能源，这种聚变不产生中子，安全无污染，是容易控制的核聚变。从目前的分析看，由于月球的 ^{3}氦蕴藏量大，对于能源日益紧缺的地球来说，无疑是希望所在。

月球上有很高的真空度以及较小重力，是人类的天然空间站。人类在将来完全可能将一些物理、化学、生物等在地球上做不了的实验移到月球去做。月球还能成为未来特殊材料制造工业基地，制造人类急需而地球上又无法制备的特殊材料和极精密的材料。

开采月球的天然矿藏是十分有吸引力的，在建设成的月球基地上将材料加工成最终产品，供空间和地面使用，无疑是一项高效益的产业，其前景非常诱人。

月球成分与资源

45 亿年前，月球表面仍然是液体岩浆海洋。科学家认为组成月球的矿物克里普矿物（KREEP）展现了岩浆海洋留下的化学线索。克里普矿物实际上是科学家称为"不兼容元素"的合成物——那些无法进入晶体结构的物质被留下，并浮到岩浆的表面。对研究人员来说，克里普矿物是个方便的线索，说明了月壳的火山运动历史，并可推测彗星或其他天体撞击的频率和时间。克里普岩是月球高地主要岩石类型之一，因富含钾、稀土元素和磷而得名。克里普岩在月球上分布很广泛。富含钍和铀元素的风暴洋区的克里普岩被后期月海玄武岩所覆盖，克里普岩混合并形成高钍和铀物质，其厚度估计有 10～20 千米。风暴洋区克里普岩中的稀土元素总资源量约为 225 亿～450 亿吨。克里普岩中所蕴藏的丰富的钍、铀也是未来人类开发利用月球资源的重要矿产资源之一。

克里普岩

月壳由多种主要元素组成，包括：铀、钍、钾、氧、硅、镁、铁、钛、钙、铝及氢。当受到宇宙射线轰击时，每种元素会发射特定的 γ 射线。有些元素，例如：铀、钍和钾，本身已具放射性，因此能自行发射 γ 射线。但无论成因为何，每种元素发出的 γ 射线均不相同，每种均有独特的谱线特征，而且可用光谱仪测量。直至现在，人类仍未对月球元素的丰度作出全面性的测量。现时太空船的测量只限于月面一部分。

月球有丰富的矿藏，据介绍，月球上稀有金属的储藏量比地球还多。月球上的岩石主要有 3 种类型，第一种是富含铁、钛的月海玄武岩；第二种是斜长岩，富含钾、稀土和磷等，主要分布在月球高地；第三种主要是由 0.1～1 毫米的岩屑颗粒组成的角砾岩。月球岩石中含有地球中全部元素和 60 种左右的矿物，其中 6 种矿物是地球没有的。

月球的矿产资源极为丰富，地球上最常见的 17 种元素，在月球上比比皆是。以铁为例，仅月面表层 5 厘米厚的沙土就含有上亿吨铁，而整个月球表面平均有 10 米厚的沙土。月球表层的铁不仅异常丰富，而且便于开采和冶炼。据悉，月球上的铁主要是氧化铁，只要把氧和铁分开就行；此外，科学家已研究出利用月球土壤和岩石制造水泥和玻璃的办法。在月球表层，铝的含量也十分丰富。

月球土壤中还含有丰富的^{3}氦，利用氘和^{3}氦进行的氦聚变可作为核电站的能源，这种聚变不产生中子，安全无污染，是容易控制的核聚变。从目前的分析看，由于月球的^{3}氦蕴藏量大，对于未来能源比较紧缺的地球来说，无疑是雪中送炭。许多航天大国已将获取^{3}氦作为开发月球的重要目标之一。

月球表面分布着22个主要的月海，除东海、莫斯科海和智海位于月球的背面（背向地球的一面）外，其他19个月海都分布在月球的正面（面向地球的一面）。在这些月海中存在着大量的月海玄武岩，22个海中所填充的玄武岩体积约10^{10}立方千米，而月海玄武岩中蕴藏着丰富的钛、铁等资源。假设月海玄武岩中钛铁矿含量为8%，或者说二氧化钛含量为4.2%，则月海玄武岩中钛铁矿的总资源量约为$1.3 \times 10^{15} \sim 1.9 \times 10^{15}$千克，尽管这种估算带有很大的推测性与不确定性，但可以肯定的是月海玄武岩中丰富的钛铁矿是未来月球可供开发利用的最重要的矿产资源之一。

此外，月球还蕴藏有丰富的铬、镍、钠、镁、硅、铜等矿产资源。

知识点

宇宙射线

宇宙射线是来自于宇宙中的一种具有相当大能量的带电粒子流。1912年，德国科学家韦克多·汉斯带着电离室在乘气球升空测定空气电离度的实验中，发现电离室内的电流随海拔升高而变大，从而认定电流是来自地球以外的一种穿透力极强的射线所产生的，于是有人为之取名为"宇宙射线"。

太阳系是在圆盘状的银河系中运行的，运行过程中会发生相对于银河系中心位置的位移，每隔6 200万年就会到达距离银河系中心的最远点。而整个"银河盘"又是在包裹着它的热气体中以每秒200千米的速度运行。"银河盘并不像飞盘那样圆滑，"科学家称，"它是扁平的。"当银河系的"北面"或前面与周围的热气摩擦时就会产生宇宙射线。

延伸阅读

对宇宙射线的观测

人类对宇宙射线作微观世界的研究过程中采用的观测方式主要有 3 种，即：空间观测、地面观测、地下（或水下）观测。

为了有效和长期对宇宙射线进行观测，各国都相继建立了观测站。1943 年，前苏联在亚美尼亚建立了海拔 3 200 米的阿拉嘎兹高山站；日本在战后建立了海拔 2 770 米的乘鞍山观测所；1954 年我国建立了海拔 3 200 米的云南东川站。1990 年，中日双方共同合作建立了西藏羊八井宇宙射线观测站。

几乎所有外来的高能宇宙线，除中微子外在穿过大气层时都要与大气中的氧、氮等原子核发生碰撞，并转化出次级宇宙线粒子，而超高能宇宙线的次级粒子又将有足够能量产生下一代粒子，如此下去，将会产生一个庞大的粒子群。这一现象是 1938 年由法国人奥吉尔在阿尔卑斯山观测发现的，并取名为"广延大气簇射"。

开发月球资源

人们根据月岩样品及大量有关资料的研究与分析，确定了月球优先生产的产品原则，主要是充分利用月球资源，为扩建月球基地而生产必需的原材料，重点是制氧、金属冶炼、建筑材料的制备等。为了实现这一目的，人们已对月球上的加工厂的生产工艺流程及制备方法进行了多方面的详细研究。

科学家很早就开始研究提取月球表土的氧的方法。他们利用"阿波罗"飞船取回的月球沙土进行实验，在 1 000℃的高温下，将月沙中的钛铁矿和氢接触生成水，再将水通过电解提取氧。研究表明，提取 1 吨氧，约需 70 吨的月球表土。考虑到在月球上生产的特殊情况，建议在月球基地建设的同时，应考虑配备一套小型的化学处理设备，利用太阳能作动力，每天大约可制备出 100 千克的液氧。具体流程是，利用月球岩石在高温下与甲烷发生反应，生成一氧化碳和氢。在温度较低的第二个反应器中，一氧化碳再与更多的氢发生反应，还原成甲烷和水；然后使水冷凝，再电解成氧和氢，把氧储存起来供使用，而氢则送入系统中再循环使用。据预测，月球制氧设备最初是为给月面上的航天员提供氧气之用，但他们需要的氧气并不多，一个 12 人规模的基地，每月也只需要 350 千克氧气。而一套制氧设备连续工作后，可生产出相当数量的氧气。因此，在月球基地建设时，应同时建造一个永久性的液氧库，以便供给航天器作为低温推进剂燃料使用。

十分有意义的是，在制氧过程中，经过化学处理后得到的"矿渣"，却都成了上等的副产品。这是因为它含有丰富的游离硅和可供冶炼的金属氧化物，只要采用适当的工业方法便可继续冶炼，炼制出工业上极有使用价值的金属钛。科学家们提出的制钛工艺流程是，将"矿渣"通过机械粉碎、磁选，提取出钛氧化物，在高温下加氢处理，生成氧化钛；再以硫酸置换出其中的铁，接着和碳混合，在 700℃ 的温度下通入氯气，经过化学反应后生成四氯化钛；然后在 2 000℃ 高温下加热，投入镁以便脱氯，最终得到熔融态的钛。

铝的精制方法更为新颖。月面上的铝是由称之为斜长石的复杂结构所组成。科学家经过反复试验与研究，提出了一套炼铝的新工艺。具体做法是：将月岩粉碎，在 1 700℃ 下加热熔化，然后在水中冷却至 100℃，制成多质的球，再经粉碎，在其中加入 100℃ 的硫酸，即可浸出铝。用离心分离法和过滤法除去硅化物后，再将它在 900℃ 的温度下进

丰富的月球资源

行热解反应，得到氧化铝和硫酸钠的混化物。随后洗去硫酸钠并进行干燥，再与碳混合加热的同时，加入氯气与之进行反应，生成了氯化铝，经过电解，获得最终产品——纯铝。

建筑业离不开玻璃，因此在月面上生产玻璃显得尤为重要。通常的玻璃由 71% ～73% 的氧化硅、12% ～14% 的硫酸钠、12% ～14% 的氧化钙组成。月球土壤中含有 40% ～50% 的氧化硅，在月面上制造玻璃是以氧化硅为主。其精

制方法较为简单，在月球土壤中根据需要加入各种微量添加物，用硫酸溶解出一些无用的成分之后，在 1 500℃ ~ 1 700℃ 的温度下熔化，然后经过压延冷却，即可制成月球玻璃。

月球资源开发利用将从研究阶段进入试生产阶段。试生产阶段规模不大，需要进一步扩大再生产，使月球生产活动逐步走向批量生产的轨道。

▶▶ 知识点 ▶▶▶▶▶

电 解

电解是将直流电通过电解质溶液或熔体，使电解质在电极上发生化学反应，以制备所需产品的反应过程。电解过程必须具备电解质、电解槽、直流电供给系统、分析控制系统和对产品的分离回收装置。电解过程应当尽可能采用较低成本的原料，提高反应的选择性，减少副产物的生成，缩短生产工序，便于产品的回收和净化。电解过程已广泛用于有色金属冶炼、氯碱和无机盐生产以及有机化学工业。

延伸阅读

月球上的太阳能

由于月球表面几乎没有大气，太阳辐射可以长驱直入。计算表明，每年到达月球范围内的太阳光辐射能量大约为 12 万亿千瓦，相当于目前地球上一年消耗的各种能源所产生的总能量的 2.5 万倍。按太阳能能量密度为 1.353 千瓦/平方米计算，假设在月球上使用目前光电转化率为 20% 的太阳能发电装置，则每平方米太阳能电池每小时可发电 2.7 千瓦时，若采用 1 000 平方米的电池，则每小时可产生 2 700 千瓦时的电能。

由于月球自转周期恰好与其绕地球公转周期的时间相等，所以月球的白天是 14 天半，晚上也是 14 天半，一天相当于地球一个月的长度，这样它就可以获得更多的太阳能。科学家认为，如果在月球表面建立全球性的并联式太阳能发电厂，就可以获得极其丰富而稳定的太阳能，这不但解决了未来月球基地的能源供应问题，而且随着人类空间转换装置技术和地面接收技术的发展与完善，还可以用微波传输太阳能，为地球提供源源不断的能源。

开采 ^{3} 氦的美好前景

^{3} 氦是氦的同位素，含有两个质子和一个中子。它有许多特殊的性质。根据稀释制冷理论，当 ^{3} 氦和 ^{4} 氦以一定的比例相混合后，温度可以降低到无限接近绝对零度。在温度达到 2.18K 以下的时候，液体状态的 ^{3} 氦还会出现"超流"现象，即没有黏滞性，它甚至可以从盛放的杯子中"爬"出去。然而，当前 ^{3} 氦最被人重视的特性还是它作为能源的潜力。^{3} 氦可以和氢的同位素发生核聚变反应，但是与一般的核聚变反应不同，^{3} 氦在聚变过程中不产生中子，所以放射性小，而且反应过程易于控制，既环保又安全。开发利用月球土壤中的 ^{3} 氦将是解决人类能源危机的极具潜力的途径之一。

地球上 ^{3} 氦的储量总共不超过几百千克，难以满足人类的需要。科学家发现，虽然地球上 ^{3} 氦的储量非常少，但是在月球上，它的储量却是非常可观的。据估计，月球上的 ^{3} 氦足够我们人类使用上万年。

^{3} 氦大部分集中在颗粒小于 50 微米的富含钛铁矿的月壤中。估计整个月球可提供 71.5 万吨 ^{3} 氦。这些 ^{3} 氦所能产生的电能，相当于 1985 年美国发电量的 4 万倍，考虑到月壤的开采、排气、同位素分离和运回地球的成本，^{3} 氦的能源偿还比估计可达 250。这个偿还比和 ^{235} 铀生产核

用于月球探矿的机器人

燃料（偿还比约 20）及地球上煤矿开采（偿还比约 16）相比，是相当有利的。此外，从月壤中提取 1 吨 ^{3} 氦，还可以得到约 6 300 吨的氢、70 吨的氮和

YUEQIU SHIFOUSHI RENLEI WEILAI DE JIAYUAN

1 600吨的碳。

　　这些副产品对维持月球永久基地来说，也是必要的。俄罗斯科学家加利莫夫认为，每年人类只需发射2～3艘载重100吨的宇宙飞船，从月球上运回的^{3}氦即可供全人类作为替代能源使用1年，而它的运输费用只相当于目前核能发电的几十分之一。据加利莫夫介绍，如果人类目前就开始着手实施从月球开采^{3}氦的计划，大约30～40年后，人类将实现月球^{3}氦的实地开采并将其运回地面，该计划总似的费用将在2 500亿～3 000亿美元之间。

　　根据计算，获得1千克^{3}氦大约需要处理20万吨月壤，从月壤中提取^{3}氦，可以用移动式开采设备挖掘月壤，再对月壤进行分离和筛选，把^{3}氦含量高的月壤分离出来。经粉碎，使它们变成尺寸小于20微米的月壤颗粒，然后放入真空加热的释气炉内，加热到600℃，此时植入月壤中的太阳风成分便可以释放出来。

　　以上方法得到的氦是^{3}氦和^{4}氦的混合气体，还需要把它送入低温分馏塔进行两种同位素的分离。在分馏塔内，温度低达−271℃，^{4}氦在−269℃时变为液体，而^{3}氦在−270℃时变为液体。液态^{4}氦的密度比液态^{3}氦高1倍多，可以利用这一密度差造成的比重差别，把它们分离开来。

　　月球表面温度白天高达130℃，夜晚则可降到−150℃以下。因此。可以在白天从月球土壤提取含有^{3}氦的混合气体，并在夜晚对其进行分离，以节省所消耗的能量。由月球土壤加热得到的混合气体中还含有大量的氢和氮，它们同样可以通过低温分馏来分离掉。

　　将^{3}氦运到地球上来作为发电的燃料，不存在月球太阳能电站所遇到的向地球送电的困难。它很可能真的会在21世纪内开始成为人类的绿色能源。

◆ 知识点 ▸▸▸▸▸

> **氦**
>
> 　　氦为稀有气体的一种。元素名来源于希腊文，原意是"太阳"。1868年有人利用分光镜观察太阳表面，发现一条新的黄色谱线，并认为是属于太阳

上的某个未知元素，故名氦。氦在通常情况下为无色、无味的气体，氦是唯一不能在标准大气压下固化的物质。氦是最不活泼的元素，基本上不形成什么化合物。因此氦的应用主要是作为保护气体、气冷式核反应堆的工作流体和超低温冷冻剂。氦有两种天然同位素：^{3}氦、^{4}氦，自然界中存在的氦基本上是^{4}氦。

延伸阅读

^{3}氦的超流动性

20 世纪 70 年代，戴维·李领导的康奈尔低温小组首次发现了^{3}氦的超流动性，不久，其他的研究小组也证实了他们的发现。1996 年戴维·李、道格拉斯·奥谢罗夫和罗伯特·理查森因发现了^{3}氦中的超流动性，共同分享了 1996 年度的诺贝尔物理学奖。

^{3}氦超流体的发现在天体物理学上有着奇特的应用。人们使用相变产生的^{3}氦超流体来验证关于在宇宙中如何形成所谓宇宙弦的理论。研究小组用中微子引起的核反应局部快速加热超流体^{3}氦，当它们重新冷却后，会形成一些涡旋球。这些涡旋球就相当于宇宙弦。这个结果虽然不能作为宇宙弦存在的证据，但是可以认为是对^{3}氦流体涡旋形成的理论的验证。^{3}氦超流体的发现不仅对凝聚态物理的研究起了推动作用，而且在此发现过程中所使用的核磁共振的方法，开创了用核磁共振技术进行断层检验的先河，核磁共振断层检验已发展成为医疗诊断的普遍手段。

月球：解决能源危机的希望

在地球上，由于人口越来越多，能源危机也日益严重。因此，有人提出了把月球建成能源基地的设想。这种能源基地不但能为人类的月球基地提供动力，还可以为地球人谋福利。

未来解决能源不足的出路至少有这么两条：一是太阳能，二是核能。月球取样标本化验和分析、³氦的发现，给月球研究和探测工作注入了新的兴奋剂，尤其受到了能源专家的重视。

月球的表面土壤由岩石碎屑、粉末，角砾岩，玻璃珠组成，结构松散且相当软。月海区的土壤一般厚 4～5 米，高地的土壤较厚，但也不过 10 米左右。月球土壤的粒度变化范围很宽，大的几厘米，小的只有 1 毫米或数十微米，这些细土一般称为月尘。月球土壤中大部分是细小的角砾岩及玻璃珠，约占 70%，小颗粒状玄武岩及辉长岩约占 13%。惰性气体在月球玄武岩和高地角砾岩中含量极低，大气中就更低，几乎为零。然而，月壤和角砾岩中亲气元素则相当丰富，这是由于太阳风的注入，太阳风实际上是太阳不断向外喷射出的稳定的粒子流。1965 年"维那"3 号火箭对太阳风的化学组成进行了直接测定，结果表明，太阳风粒子主要由氢离子组成，其次是氦离子。由于外来物体对月球表面撞击，使月壤物质混合，在深达数十米范围内存在这些亲气元素；太阳离子注入物体暴露表面的深度通常小于 0.2 微米；因此，这些元素在月壤最细颗粒中含量最高，大部分注入气体的粒子堆积黏合成月壤角砾岩或黏聚在玻璃珠的内部。

角砾岩

研究表明，月球上的氦大部分集中在小于 50 微米的富含钛铁矿的月壤中，³氦是未来核聚变燃料的最佳选择。用氘和³氦聚变生成氦，这种聚变反应是世界公认的高效、安全、干净、较易控制的核聚变。此外，还可在月球上建立核能源基地，将电能传输到静止轨道上的中继卫星，再传送到位于地球的接收站，然后再分配到各个地区，供用户使用。仅月球³氦资源的开发利用这一点，就不难理解开发月球的深远意义。

20 世纪 80 年代初，曾有一批美国科学家提出了一个月球采矿方案。他们建议先把重约 60 吨的自动化机械设备送上月球，其中包括一台小型电磁采矿设备，一台能从月球上开采出来的矿石中加工提炼出硅的设备，一台能把硅制造、装配成太阳能电池的设备，还有一台能生产更多上述自动化设备的"母机"。这台"母机"可以利用太阳能电池提供的能源和采矿机械提供的原料，制造出第二代、第三代采矿机械和太阳能电池，扩大再生产。据他们估算，实现这一计划约需要 50 亿美元，是"阿波罗"登月计划的 1/5。

奥尔德林

在利用月球能源的问题上，科学家们一致认为，未来月球探测与研究将重点朝向 4 个目标：①月球能源的全球分布与利用方案研究；②月球矿产资源的全球分布和利用方案研究；③月球特殊空间环境资源（超高真空、无大气活动、无磁场、地质构造稳定、弱重力、无污染）的开发利用；④建立月球基地的优选位置、建设方案与实施研究。

科学家们还认为，世界各国应该联合起来，在最近 20～30 年内联合建立永久性月球基地，开发和利用月球，为人类的可持续发展服务。

月球是人类共同的财富，探索宇宙是人类共同的愿望，它将为全人类带来幸福。正如第二个登上月球的美国航天员奥尔德林所说："对于那些在悠悠转动的地球上仰望夜空的人，月亮都匀洒银光，绝不厚此薄彼。因此，我们希望，太空探索的成果也将由大家分享，从而给整个人类带来和谐的影响。"

知识点

角砾岩

角砾岩和砾岩一样，也是一种碎屑岩，由从母岩上破碎下来的，颗粒直径大于 2 毫米的碎屑，经过搬运、沉积、压实、胶结而形成的岩石，砾石的

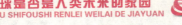

平均直径如果在 1 ~ 10 毫米，为细砾，10 ~ 100 毫米称为粗砾，大于 100 毫米为巨砾。其胶结物中常含有矿物，角砾岩也可以作为建筑材料。角砾岩比较粗糙，可以见到明显的砾石，如果胶结成岩石的砾石超过 50% 是圆形的为砾岩，超过 50% 为具有棱角的，则称为角砾岩。

月球采矿四阶段

科学家们已经提出了多种月球基地的采矿方案，包括借鉴地球采矿技术和采矿设备，计算机控制的遥控操作采矿系统等。月球采矿将分阶段实现：第一阶段首先进行勘探和采矿的试验性研究；第二阶段建设采矿所需的基础设施，例如从地球上将勘探、施工和采矿设备部件运送到月球基地上进行装配，建设采矿场，并开展小规模作业；在第三阶段将扩大采矿作业；第四阶段将建成先进的月球采矿基地，采矿人员可在控制室中遥控机器人进行较大规模的开采。

建设月球基地的梦想与展望

自古以来，人类就有在月球上建设家园的梦想，我国古代的民间传说中，就有嫦娥与吴刚在月宫中生活的美丽神话。而最先提出建设月球基地的，是一批极富想象力的幻想家和科幻作家。进入 21 世纪，建设月球基地将不再是幻想，而是要变成实际行动了。

1987 年 10 月，在国际宇航科学院大会上，来自 50 多个国家的近千名科学家和工程师，联名提议建造国际月球基地。1995 年 4 月，在德国召开的会议上，各国科学家们讨论了建设月球基地的国际发展战略，目前美国、日本和欧洲空间局等国家和组织，都提出了建设月球基地的计划，并开始为实施月球基地计划做准备。

现在的问题是，人类将如何建设月球基地，开发利用这个离地球最近天体的丰富资源。

建设月球基地，首先遇到的一个问题就是选址，就是月球基地建在什么地点才最合适。

根据开发月球的要求和特点不同，将有不同类型和功能的基地，不同类型和功能的基地，对于基地的选址将有不同的要求，例如：

（1）月球天文观察站的站址宜选在能屏蔽地球发射无线电噪声的月球背面。矿产资源开发基地则应选择矿产资源丰富的地区建设基地。

（2）月球的南北极地区可能是火箭推进剂生产基地合理的备选区域，因为那里可能存在大量的水冰。

（3）对于科学研究基地则应满足下列条件：能够和地球保持畅通的通信联系；有良好的光照条件，可以充分利用太阳能；满足制备氧、水等维持生命的消耗物资的需要；周围有丰富的资源，能满足月球资源研究和利用的需要；地势比较宽阔平坦，有利于飞船的起飞和降落。

月球极区约有 70% ~ 80% 的时间处于阳光照射之下，太阳电池能为月球基地提供充足的电力，极区的温差较小，两极地区分布了大量月海，应是建立月球科学研究基地的理想地区。

由于月面环境十分恶劣，人离开生命保障系统，是无法生存的。航天员在月球上必须身穿笨重的月球服，背着沉甸甸的便携式生命保障系统。而且在居住舱外还不能工作时间太长。然而，机器人不需要特殊的月球防护服，也不需要为

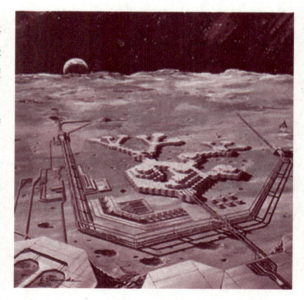

月球基地效果图

机器人建造密闭居住舱和提供复杂的环境控制和生命保障系统，可以在月面长时间工作。机器人还可以承担危险的和特殊的工作，例如进入极寒冷的月球南

YUEQIU SHIFOUSHI RENLEI WEILAI DE JIAYUAN

北极永久阴影区进行探测等。在月球基地建设中，机器人最能充分显示自己的本领，在基地建设中打先锋。

未来在建设月球基地工作中，需要各种各样的月球机器人，如：

（1）大力士型机器人。这种机器人力气大，适合作重活，如装卸、搬运和安装大型结构件等。

（2）多面手型机器人。它在月球基地建设中能承担多种任务，既能完成一般的体力工作如挖掘，又能进行一些精细操作如建筑安装等。

（3）灵巧机型器人。负责完成各种精细操作，如精密仪器设备的安装、操作和维护。

（4）实验机器人。在月面根据需要进行采样，进行实验分析。

（5）筑路机器人。负责飞船着陆场地建设，如开凿和挖掘、平整土地、修筑道路等。

（6）其他作业机器人如建设机器人、机器人修理工、排险机器人和在月球基地建设中承担日常杂务的机器人等。

美巨型六足机器人可驮着月球基地搬家

建设月球基地是一个漫长的过程，需要由小到大，循序渐进分阶段建设。

早期的临时性月球前哨站规模不大。这种前哨站最基本的设施应包括：一个能防辐射并适合航天员生活的居住舱、一个实验舱、一个能提供生命保障和食品的后勤舱；一个带气闸门的连接舱，用于航天员出入月球表面；另外还要有提供能源的能源舱和一辆月球运输车。

用无人驾驶飞船，将已经在地面制作好的移动式居住舱及舱段运送到月球，由月球机器人将其对接成一个整体，建成一个短期有人照料的月球前哨站。

在月球前哨站将进行从月壤中提取水和氧气试验和月球资源开发技术的试

验以及植物栽培试验等，为建设永久月球基地做准备。同时，利用月球高真空和低重力环境，小规模生产药品和特种材料。

首批入驻人员约4~6名，成员中除职业航天员外，可能还包括地质学家、化学家、建筑工程师、生物学家或其他领域的专业人员。这个阶段需要依靠地球提供补给，一般半年轮换一次。

半永久性月球基地由多用途月球基地舱、专用设备舱、科学实验室、大型观测台和月球工厂等组成，各舱段之间用通道相互连接。基地能源由已经建成的月球太阳能电站提供。该阶段月球基地主要是生产水和氧，生产永久性月球基地建设用材料，进行循环生态系统研究和生产推进剂，制取少量^{3}氦等能源材料。这一阶段由航天员及各类专家约24人组成，一般一年轮换一次，为建设永久性月球基地奠定基础。

永久性月球基地由设备制造厂、农业工厂、月球港湾、医院等功能单元组成，主要任务是大规模开发利用月球资源，提供地球能源需求，进行全面深入月球研究和天文观测，建成火星中转站，是自主式全能型的月球基地，将有上百人可在那里长期生活和工作。

在永久性月球基地的基础上，不断扩大发展成自给自足，建立具有封闭循环生态系统的月球村或月球城。

作为月球上的永久性居住点，在这个居住点里备有运输机器、材料加工厂和制造车间，其设备可以加工月球上的材料，制造更多的机械设备，建造更多的材料加工厂和制造车间，达到规模化的生产能力。利用基地的制造加工能力，可以在月球上建设科研基地、实验室、医疗中心和火箭燃料生产工厂，进一步提高空间探测和月球资源开发能力。月球移民区可以发展各种制造业，合成空气和水，种植农作物，饲养动物，月球村或月球城有先进而完善的再生式生命保障系统，使氧气、水、食品、生活必需品、电力供应和火箭燃料，实现自给自足，不再依靠地球的物资供应，此外还解决了宇宙辐射防护和月球重力的适应问题。

随着航天技术的发展和重返月球计划的实施，预计在21世纪后期或更晚一些时间，月球基地将出现在世人面前。

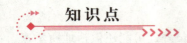

知识点

欧洲空间局

欧洲空间局（航天局）是在1975年设立的，总部设在巴黎，发射中心位于南美洲北部大西洋海岸的法属圭亚那，占地约90 600平方千米，主要负责科学卫星、应用卫星和探空火箭的发射以及与此有关的一些运载火箭的试验和发射。由于此地靠近赤道，对火箭发射具有很大益处：纬度低，从发射点到入轨点的航程大大缩短，三子级不必二次启动；相同发射方位角的轨道倾角小，远地点变轨所需要的能量小，增加了同步轨道的有效载荷；向北和向东的海面上有一个很宽的发射弧度；人口、交通、气象条件理想等。

欧洲空间局截至2011年共有19个成员国，包括法国、德国、奥地利、比利时、丹麦、西班牙、芬兰、希腊、爱尔兰、意大利、卢森堡、挪威、荷兰、葡萄牙、英国、瑞典、瑞士、捷克和罗马尼亚。

延伸阅读

星际航行的中转站

在月球上建设发射场，把月球当作飞往火星和其他天体的中转站，是开发月球资源一个重要目的。由于月球几乎没有大气，没有磁场，它的重力加速度只有地球的1/6。因此从月球上发射大型航天器，使其摆脱月球引力进入更遥远的深空，比从地球发射起飞容易得多，可以大大降低从地球到其他天体的发射成本。重要的是要在月球上能生产出火箭推进剂——液氢和液氧。

自1990年起，为了在月球物质中获得氧，美国和法国的一些有关专家进行了大量的实验研究工作，他们最终发现，可以从月壤的重要成分之一——钛铁矿中获得氧。钛铁矿是钛和铁的氧化物，在800℃的高温下加热，即可分离出钛、铁和氧。另外，从月壤中提取 1 吨^{3}氦，可以得到约 6 300 吨的氢、70 吨的氮和 1 600 吨碳这样一些副产品，将其中的氢气与氧气液化，就可以获得液氢液氧推进剂。

在月球上生产火箭推进剂以后，建设月球基地，开发月球资源，以及进行飞往火星等天体的步伐都将会大大加快。

月球基地的居住舱与交通工具

各种居住舱

月球基地居住舱，像地球上的房屋一样是人生活居住的地方，由于月球的特殊环境，它的建造不仅非常重要而且复杂。随着月球基地规模不断发展和扩大，航天员人数越来越多，居住舱的建设任务也越来越重。科学家们提出了各式各样的建设月球基地居住舱的构想。

（1）预制舱。在地球上预先将居住舱制造好，然后用火箭和登月飞船发射到月面。

（2）洞穴和熔洞式居住舱。月球熔洞是火山活动的结果，在熔洞中建造居住舱，能有效防止宇宙辐射的危害。在月面挖洞穴建居住舱，也能有效防止宇宙辐射的危害。

月球基地假象图

（3）掩埋式居住舱。在月面上开凿一条隧道，在隧道内建设居住舱。当在月球基地附近找不到熔洞的情况下，可以采取这种方法。

（4）混凝土居住舱。建设居住舱的混凝土，是在月面利用月球岩石生产的。用混凝土建设居住舱的最大好处，就是坚固耐用。

（5）复合材料居住舱。可以在月面直接生产玻璃纤维增强复合材料，用以制造月球基地居住舱。

（6）金属居住舱。从月球矿石中提炼出铝、铁和钛等金属，然后制成建筑材料，再用这些材料建造居住舱。

月球基地居住舱

（7）充气式大圆球居住舱。1990 年，美国提出了一个大型月球基地设计方案，月球基地的居住舱是一个直径 16 米的大圆球，可供 12 名航天员在里面生活和工作。居住舱总容积为 2 145 立方米，可供使用的面积为 742 平方米。整个居住舱是一个充气结构，舱壁分 2 层，内层是一种多层不透气的气囊结构，气囊内可以充气。外层用高强度材料制成，并涂有防热层。居住舱用 1 米厚的月壤覆盖，作为防辐射屏蔽层。整个舱壁结构和防辐射屏蔽层由 12 根柱子支撑。居住舱从下到上分为 5 层：最底层安装环境控制和生命保障系统，一部分作为月球基地的储藏室；第二层为基地实验区；第三层为基地控制区，与气闸舱相通；第四层是航天员工作区；第五层是最上层，为航天员生活区。在居住舱的外边，还有一个货物进出站，由加压舱与居住舱相通，是仪器设备进出居住舱的通道。

月面交通工具

建设月球基地时，人员在月面的流动和物质的运送工作将是大量的，例如：需要把来自地球的物资从月球着陆场运送到月球基地，或是将月面开采的矿物运送到月球加工厂；还需要到采矿点维修设备，外出查看天文观测仪器，进行远距离采样活动：对发生事故的航天员进行营救活动，或是将准备离开月球的航天员送往月球发射场等。

如何解决月面上大量的人员和物质运送呢？专家们提出了各种月面交通工具的设想。

（1）月球车。月球车有开放式和加压式两种。开放式载人月球车很像我们熟悉的电瓶车，其驾驶舱是敞开的，乘坐时需要穿月球航天服，由人员驾驶，其结构简单，制作容易。另外一种是一种密封式、舱内加压的电动月球车。月球车内装备了环境控制和生命保障系统，提供氧气、水、食物以及二氧化碳处理和保持温度、湿度的设备。就像是一个能移动的小型居住舱。加压式月球车还设有一个供航天员出入的气闸舱，与开放式月球车相比，其行驶距离更远，工作时间更长。

（2）月面火箭。月面火箭是可以在两个发射点之间飞行的载人运输工具，当航天员从月球表面一点到遥远的另外一点时，可以使用这种快捷的交通工具。由于月球重力只有地球重力的1/6，火箭起飞比在地球上容易得多，消耗燃料也少。

（3）多用途运输工具。多用途运输工具既是运输车，也是具有某种功能的月球机器人。这类运输工具由月面航天员遥控，有轮式运输车、履带式牵引车等，它们主要承担月面运输任务。如果需要还可以增加附加设备，扩大功能，如增加铲子可以作为铲车，增加挖掘设备可以开挖基坑，还可以增加移走岩石的绞盘，切割月岩的装置等完成多种任务，它们在月球基地建设中将发挥重要作用。

（4）月球缆车。还有一些科学家提出用月球缆车、月球铁路等交通工具来承担月面运输任务。月球缆车是在月面特定地区使用的一种运输工具，缆车安装的轮子沿固定的索道滑行，在固定的月面两地点间往返运行。

知识点

钛

钛是一种金属元素，灰色，原子序数22，相对原子质量47.87。地球表面10千米厚的地层中，含钛达6/1 000，比铜多61倍。钛的耐热性很好，熔点高达1 668℃。在常温下，钛可以安然无恙地躺在各种强酸强碱的溶液中。就连最凶猛的酸——王水，也不能腐蚀它。钛不怕海水，有人曾把一块钛沉到海底，5年以后取上来一看，上面粘了许多小动物与海底植物，却一点也没有生锈，依旧亮闪闪的。现在，人们开始用钛来制造潜艇——钛潜艇。由于钛非常结实，能承受很高的压力，这种潜艇可以在深达4 500米的深海中航行。而钝钛和以钛为主的合金是新型的结构材料，主要用于航天工业和航海工业。

延伸阅读

日本科学家的奇思妙想

日本科学家打算在月球表面的月壤层上挖一条深约 5 米的沟，沟内放入一个直径 3 米的圆筒形加热器，然后在加热器上面盖上厚约 2 米的月壤。当加热器把月壤加热到 1 200℃时，月壤就会熔化成玻璃。移开加热器，再进行类似作业，月壤熔化形成的玻璃冷却后，会固结成一个坚固的外壳，壳底留下直径 3 米的管状空间，也就成了建造月球城的场所。无论是哪一种类型的居住舱，舱内都必须具备环境控制与生命保障系统。

营造月球的生存环境

氧气、水、食物和循环生态系统是人类在月球生存的基本要素。

在月球基地要营造一个像地球上一样的生存环境，在这个环境里，有与地球上一样的大气压力，有饮用水，有可供呼吸的空气，还有适宜的温度、湿度等人类生存所需要的基本元素。月球基地上使用的生命保障系统，也随基地发展阶段的不同而不同。初期基地的生命保障系统是非再生式的，基地消耗的氧气、水和食物，要依靠地球的补充供应。此后建造的月球基地，生命保障系统是再生式的，即月球基地的氧气、水或食物，都要靠密闭循环处理和绿色植物的光合作用来就地解决。

虽然月球表面没有水又没有空气，但是月球的岩石里含有很多氧，于是科学家们提出了用月球岩石制造淡水和氧气的设想。

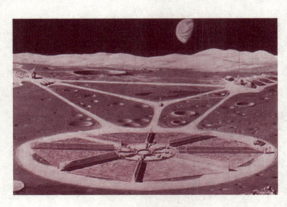

设想中的月球基地

美国科学家对"阿波罗"飞船取回的月球样品进行了相关研究之后。提出利用月海玄武岩制取氧的工艺方法。这种方法利用太阳能提供热源，在800℃的高温下，先用氢还原月海玄武岩中的钛铁矿获得水，解决了水的问题以后，再通过电解水制取氧气。

据估计，生产 1 000 千克水，大约需要 10 000 千克的钛铁矿。如果开采深度按 40 厘米计算，相当于开采 220 平方米的月海区。

最初用作还原剂的氢可从地球上运来，但生产开始后电解水获得的氢即可循环使用。

另据计算，一年只需要生产 1 吨氧气，即可维持月球上 10 人一年的生存的需要。

还有一些科学家提出另外一种制取氧气的方法。他们设想用甲烷和月球岩石中的硅酸镁在高温下发生反应，生产一氧化碳和氢。然后在温度较低的第二个反应器中，用一氧化碳与更多的氢发生反应，还原成甲烷和水。最后通过电解水制取氧气和氢气；还原的甲烷可以循环使用。用这种方法制取氧气，从理论上说只消耗月壤中的硅酸镁，不消耗参加反应的其他物质，所以几乎有用不完的制氧原料。

根据对克莱门汀号和月球勘探者月球探测器发回的探测结果分析，月球上可能存在水冰，并且存储于月球两极撞击坑的永久阴影区内，一些科学家估计月球上水冰的总资源量约 66 亿吨。一些科学家认为，如果月球确实存在水，人类对月球经过长期开发建设后，也有可能从月球极区提取水。

早期的月球基地的食物由地球供给，但永久月球基地则必须自给自足。

近几年来，科学家在空间站上进行了大量的生物学试验证明在太空失重条件下，植物种子的发芽率更高，生长更快，开花或抽穗时间更早。也对一些动物进行了试验。在空间站里果蝇能像在地球上一样交配、产卵、繁殖后代；蜜蜂会筑巢，蜂王照样生儿育女。科学家们还在空间站采用"营养液"，对培育农作物进行了不少实验研究。

月壤中有农作物所需的多种元素，但缺乏氮、锌、硼等农作物所需的微量元素。

科学家们设想在月球上培育粮食和蔬菜，首先要建造由特殊材料构成的月球温室，其次要有人造阳光，另外还要使用含有钾和钙等成分的特殊液体养料，先在基地内进行试验。然后扩大规模，科学家还在研究用化学物理方法合

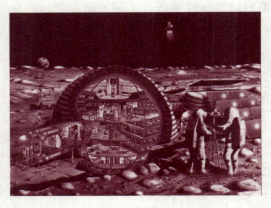

月球基地构想图

成氨基酸，如培养蛋白质较高的小球藻，来制备航天员食品。食物在月球上是可以解决的。

建设永久性月球基地、月球工厂或月球村，需要解决封闭循环生态系统问题，以便能够提供给人体长期所需的食物、水和空气，并长时间保持良好的生态环境。

科学家在国际空间站的实验表明。在发光二极管的光照下，植物能够进行正常的光合作用，释放出氧气。人可以吸入植物释放出的氧气，呼出二氧化碳，为植物进行光合作用提供条件。植物通过光合作用又将光、二氧化碳和水转化为碳水化合物并释放出氧气，碳水化合物可作为人的食品。同时，人类排泄物在微生物作用下可形成降解物，其中的养分可供植物生长，这样就可以形成一个人造的"小生物圈"，为建立密闭的循环生态系统提供条件。

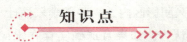

知 识 点

光合作用

光合作用是绿色植物和藻类利用叶绿素等光合色素和某些细菌（如带紫膜的嗜盐古菌）利用其细胞本身，在可见光的照射下，将二氧化碳和水（细菌为硫化氢和水）转化为有机物，并释放出氧气（细菌释放氢气）的生化过程。植物之所以被称为食物链的生产者，是因为它们能够通过光合作用利用无机物生产有机物并且贮存能量。通过食用，食物链的消费者可以吸收到植物及细菌所贮存的能量，效率为 10% ~ 20% 左右。对于生物界的几乎所有生物来说，这个过程是它们赖以生存的关键。光合作用是一系列复杂的代谢反应的总和，是生物界赖以生存的基础，也是地球碳氧循环的重要媒介。

门德尔计划

20 世纪 90 年代初，美国休斯敦航天中心负责人温德尔·门德尔向白宫重提建设月球基地。科学家认为建立一个月球基地对支持在太空进一步大规模的开发是极重要的。在巴西的圣卡塔林岛，美国科学家正在为开辟月球基地，进行类如"生物圈 2 号"的全封闭模拟实验。门德尔计划的第一阶段从 1997 年开始，先发射人造卫星，为基地选择最佳地点作勘测。第二阶段从 2005 年开始，为施工阶段，将向月球运送起重挖掘等基建机械，并用微波对地基进行硬化处理。第三阶段为构件组装，采用 21 根直径 6 米，长 18 米的巨型管道，组成 3 个等边六角形，六角形中用高压充气建立 18 米高的巨大圆舱，人员设备皆可容纳在管道或圆舱中。第四阶段开采利用月岩中氧、铝、铁、钛、硅等资源，制取生活用氧，及扩建月球基地所需的金属、玻璃等原材料。科学应用国际公司根据门德尔计划第四阶段作了相应的研究，其结果是令人乐观的：一座重量为 1 吨的小型试验型化工厂，在 1 年中可把 10 吨以上的月岩加工成氧、金属和玻璃。门德尔的整个计划需耗资上千亿美元，人类必须不间断地努力 100 年才能完成。

地—月运输大设想

建设月球基地，需要频繁地进行登月飞行和向月球基地运送器材、设备、生活补给品，以及接送航天员往返于地—月之间。目前，空间运输成本高昂，因为目前的运载火箭和飞船都只能一次性使用，如何实现低成本运输，是航天工程师和月球科学家共同关注的问题。

为了降低地—月运输成本，研制可重复使用的火箭和飞船是一个重要发展方向，但在今后相当长的一个时期内，火箭和飞船依然是地—月运输的重要工具。根据这种情况，科学家们提出了降低地—月空间运输成本的新设想。

第一种设想：利用空间"摆渡"船

首先用运载火箭把物资和人员分几次运往近地轨道，然后利用空间"摆渡"船，把物资和人员运往月球。空间"摆渡"船专门承担地—月轨道之间的运输任务，并可重复使用。在月球轨道上，还需设置一种专用的月球着陆器，任务是把进入月球轨道的物资和人员安全地送往月球表面。这样由运载火箭、空间"摆渡"船、月球着陆器三者共同组成一条地—月交通运输线，它们各自在自己的轨道上往返飞行，而不是运载火箭直接将货物和人员从地球运到月球，从而使飞行成本大幅度降低。

科学家设想中的月球着陆器

根据这种运输方式，在月球轨道上应该有一个能容纳多名航天员的小型空间站，作为地球和月球之间交通运输的一个中转站。这个中转站还可以承担月球基地"急救站"的作用，一旦月球基地发生紧急情况，航天员可以及时撤离到月球空间站，然后再从月球空间站飞回地球。建造这种小型月球空间站，可以使用废弃在太空和月球轨道上的燃料储箱。燃料储箱都是一些大圆筒，对这些大圆筒进行改装，再一个一个地接起来，就可以形成简易的月球轨道空间站。

第二种设想：设立"拉格朗日点"中转站

这里先介绍一下拉格朗日点的概念。地－月空间存在的一种特殊的点。在这个点上地—月两大天体的引力相互抵消，位于这一点上的物体可以相对保持平衡，如果给一个小的推力，就能使物体按推力方向运动，这种特殊的点是法国数学家和力学家拉格朗日发现的，因此称拉格朗日点。在地—月系统中，理论上存在 5 个拉格朗日点，其中 L1 点位于距地球 323 110 千米的位置上。

先将飞船发射到位于拉格朗日点的中转站，然后在这里加注在月球上生产的推进剂，与此同时，从月球上发射 L1——月球往返运载器来接应飞船，将航天员或建设月球基地物资从中转站运送到月球。这样，飞船离开地球时就不再需要携带用于月面着陆和起飞返回的推进剂，也不需要携带登月舱，因此飞船的质量可大大减轻，地、月空间运输成本就可大大降低，由于月球没有大气，L1——月球往返运载器应是可重复使用的航天器。

第三种设想：太空电梯

"太空电梯"的原理很简单，它的主要部件是缆索，将其一头固定在地球表面，另一头伸向太空，当缆索的重心位于地表3.6万千米的高度时，它所承受的地球引力和离心力达到平衡，缆索便会耸立空中而不倒，这个高度也就是地球同步轨道的高度；或者从距离地面3.6万千米的静止轨道卫星向地面垂下一条缆索，为了取得平衡，避免静止卫星因电梯太重被拉回地面，在卫星的上面还要架设另外一条缆索，上半部分的缆索悬浮在太空中，以缓解太空电梯承受的地球引力，这样，电缆的总长度将达到10万千米，为地球和月球距离的1/4。沿着这条缆索修建往返于地球和太空之间的电梯型飞船。

目前进入太空的主要运载工具是火箭，火箭要摆脱地球引力需要消耗大量燃料，无论是液体还是固体火箭，所携带的燃料都要占到火箭总重量的90%以上，并且多为一次性使用。然而"太空电梯"不需要动用大量燃料，且可重复使用，因此建成之后的运行费用很低，可用于向空间站运送人员和货物，然后再转运到月球。

现在的关键问题是如何制造这根10万千米的缆索。从理论上计算，制作这根缆索的材料强度必须达到钢铁的180倍之上，目前的技术尚无法实现。随着纳米技术的发展，科学家不断开发出质量轻、强度高的碳纳米管纤维材料，现有的

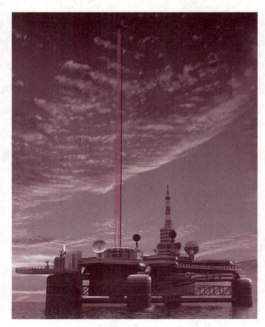

设想中的太空电梯

此类纤维材料强度已经达到了所需强度的近1/4。另据报道，最近美国哥伦比亚大学两名华裔科学家李成古和魏小丁（音译）首次研究证实，石墨烯是目前世界上已知的强度最高的材料，它比钻石还坚硬，强度比世界上最好的钢铁还要高100倍。石墨是由无数只有碳原子厚度的"石墨烯"薄片压叠形成，"石墨烯"是一种从石墨材料中剥离出的单层碳原子面材料，是碳的二维结构。如果能找到将石墨转变成大片高质量石墨烯薄膜的方法，则太空电梯缆索的研制有望获得突破。

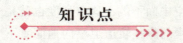
知识点

拉格朗日

拉格朗日（1735—1813）是法国数学家、物理学家。他科学研究所涉及的领域极其广泛。他在数学上最突出的贡献是使数学分析与几何与力学脱离开来，使数学的独立性更为清楚，从此数学不再仅仅是其他学科的工具。他总结了18世纪的数学成果，同时又为19世纪的数学研究开辟了道路，堪称法国最杰出的数学大师。同时，他的关于月球运动（三体问题）、行星运动、轨道计算、两个不动中心问题、流体力学等方面的成果，在使天文学力学化、力学分析化上，也起到了历史性的作用，促进了力学和天体力学的进一步发展，成为这些领域的开创性或奠基性研究。

延伸阅读

观光旅游新去处

随着技术、经济等发展，人们已经开始向往到月球去旅游。人们去月球旅游，除了观看月球、宇宙星空以外，还有一个项目就是观看地球。据美国登月航天员说，从月面上观看地球别有一番风味。

2007 年 4 月，美国太空探险公司宣称，其准备与俄罗斯太空旅游公司合作实施月球旅游计划：今后 5 年内，游客花费 1 亿美元，就可以搭乘俄罗斯的"联盟号"载人飞船进行环月旅游。

据美国太空探险公司副总法拉内塔说："俄罗斯的'联盟号'载人飞船，是实现这一项目的最佳选择。我们打算将月球轨道旅游的门票定为每人 1 亿美元。当然，从理论上讲，我们并不排除一艘'联盟号'飞船搭载 2 名月球游客和 1 名专业航天员的可能性。这样一来，如果按每位游客 1 亿美元来收费的话，搭载 2 名游客到月球旅游一次，可以收费 2 亿美元。"

法拉内塔指出：实现月球旅游可通过两种途径来实现，第一种是直接将游客送到绕月轨道旅游。第二种途径是先将游客送到国际空间站，然后从国际空间站飞往月球。美国太空探险公司认为，第二种途径可能更受人们的欢迎，因为这一途径不仅能让游客们实现月球观光的愿望，还能顺便在国际空间站逛上一回。

月基天文台

探索宇宙、掌握未知世界是人类社会发展的动力，天文观测是探索未知世界的重要活动。月球的自然环境具有特殊性，天文观测条件十分优越，天文学家非常希望能在月球上建起大型月基天文台。大型天文台在月球出现后，会大大扩展人类的眼界，或许第一个接收到外星人来电的就是月基天文台。

由于地面天文观测要受到地球大气的各种效应和复杂的地球运动等因素的严重影响，因此，其观测精度和观测对象受到了许多限制，远远不能满足现代天文研究的要求。这些影响主要表现为 2 个方面：①地球大气中的各种原子、分子、离子和尘埃粒子对于来自天体的电磁辐射的吸收和散射，这导致在整个电磁波段只存在为数不多的透明"窗口"，在这些"窗口"内大气的吸收和散射不太明显，透射率较高。这些"窗口"主要存在于光学波段、近红外波段和波长从 15 毫米到 0.3 毫米的射电波段。地面的天文观测只能局限在这些大气窗口对应的波段进行，这就使得我们在地面无法获得来自天体的全面的物理信息。②大气的扰动影响，对于光学波段，这种扰动表现为星象的不规则运动和弥散以及星象亮度的迅速变化，大气扰动的存在会严重影响天文观测的效率和精度。

为了提高天文观测的质量，世界各国发射了一系列的天文卫星，如哈勃空间望远镜、钱德拉望远镜等等。尽管这些在近地轨道上运行的天文仪器所处的空间环境比地面优越得多，但仍然要受到地球高层大气的一些效应的有害影响。

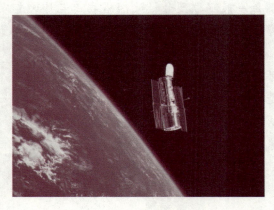

哈勃空间望远镜

在几百千米的高空，大气虽已十分稀薄，但地球大气的阻力会使卫星慢慢地沿螺旋轨道不断降低，以致如要长期使用天文卫星，必须适时作轨道修正，保持卫星的高度；大量卫星的残骸和发射火箭的碎片将污染天文卫星周边的环境，可能会严重地损害望远镜灵敏的光学部件和仪器；天文卫星的运行速度高达 8 000 米/秒，这使它在与微粒和残余大气离子相撞时会受到损害；在失重的环境下，要使卫星上的天文望远镜实现对观测目标的高精度指向和精密跟踪非常困难，必须配有很复杂的机械装置，而仪器越大，不能进行天文观测的时间就会越多。此外，由于近地卫星绕地球公转的周期通常仅为90 分钟，因而观测一批天体所能连续用的曝光时间就不可能很长，这也给卫星天文观测带来一定的限制；近地轨道卫星还会遭受到迅速的热变化和引力变化的影响，这些变化限制了轨道上望远镜的大小，从而也限制了它的分辨率和灵敏度。

月球上的重力只有地球的1/6，而且月球上永远没有风，在月球上架设巨型望远镜及观测台比在地球上更方便。月球的地质活动比地球弱得多，月震活动只有地震活动的亿分之一，对望远镜的观测影响很小，这对基线很长的光学、红外和射电干涉系统尤为有利。月球背面没有人类活动造成的纷杂的干扰环境，更是观天的宝地。另外，与失重状态下的空间望远镜相比，月基望远镜是建在月球这个直径为 3 476 千米的巨大而稳定的观测平台上的，因而，望远镜的安装、维修、跟踪等问题的解决都比空间望远镜容易得多。哈勃空间望远镜升空后，为了对其进行维修，航天员就曾数次乘航天飞机到太空，对其先

"追"再"抓",费了不少周折。

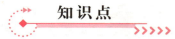

知识点

哈勃空间望远镜

　　哈勃空间望远镜是在轨道上环绕着地球飞行的望远镜。空间望远镜的概念最早出现于20世纪40年代,但一直到1990年,哈勃空间望远镜才正式发射升空,并观测迄今。它是美国航空航天局(NASA)与欧洲航天局(ESA)的合作项目,其主要目标是建立一个能长期在太空中进行观测的轨道天文台。它的名字来源于美国著名天文学家埃德温·哈勃。

　　它的位置在地球的大气层之上,因此获得了地基望远镜所没有的好处。其影像不会受到大气湍流的扰动,视相度绝佳又没有大气散射造成的背景光,还能观测会被臭氧层吸收的紫外线。它已经填补了地面观测的缺口,帮助天文学家解决了许多根本上的问题,对天文物理有更多的认识。

延伸阅读

银河外天文学的奠基人哈勃

　　美国天文学家爱德温·哈勃(1889—1953)是研究现代宇宙理论最著名的人物之一,是河外天文学的奠基人。他发现了银河系外星系存在及宇宙不断膨胀,是银河外天文学的奠基人和提供宇宙膨胀实例证据的第一人。

　　哈勃于1906年进入芝加哥大学学习,在大学期间,他受天文学家海尔启发开始对天文学产生更大的兴趣。他在该校时即已获数学和天文学的校内学位。1910年,哈勃在芝加哥大学毕业,获得奖学金,前往英国牛津大学学习法律,23岁获文学士学位。1913年在美国肯塔基州开业当律师。后来,他终于集中精力研究天文学,并返回芝加哥大学,25岁到叶凯士天文台攻读研究生，28 岁获博士学位。在该校设于威斯康星州的叶凯士天文台工作。在获得天文学哲学博士学位和从军两年以后，1919 年退伍到威尔逊天文台（现属海尔天文台）专心研究河外星系并作出新发现。

哈勃对 20 世纪天文系作出许多贡献，被尊为一代宗师。其中最重大者有二：一是确认星系是与银河系相当的恒星系统，开创了星系天文学，建立了大尺度宇宙的新概念；二是发现了星系的红移—距离关系，促使现代宇宙学的诞生。

到月球上种庄稼

在南太平洋的某处海底，静静地躺着俄罗斯"和平号"空间站的残骸，它搭载着一个由保加利亚制造的微型温室。1999 年，世界上第一代太空小麦正是在这个仅 1 平方米大的空间里问世的，从而揭开了在太空种植粮食作物的新纪元。

在太空种植粮食的尝试几乎是和人类探索太空同步开始的，科学家们曾经试图用"阿波罗"飞船从月球带回来的泥土培育植物。从 1975 年起，每一次前苏联飞船升空，都会带着一个苗床。然而，在天上种地并不像在地面那么简单。美国的地球生态学家杰伊·斯基尔斯说，失重会影响植物根系向下生长；不同的光照条件和空气也会干扰植物的成长；没有了昆虫，授粉也无法进行。

尽管人类曾经在非粮食类作物的试验上取得了一些进展，但真正在太空种植粮食获得成功是在 20 世纪 80 年代，前苏联聘请保加利亚为其建造了搭载"和平号"上的实验用温室之后。到了 90 年代初，航天员成功地在这个 40 厘米高的温室里种出了莴苣和萝卜。从 1995 年开始，美国和俄罗斯科学家们尝试种植小麦。4 年后，他们的努力终于得到了回报，1999 年收获了第一代太空小麦。

第一代 508 粒太空小麦收获后被再次播种，并在当年结出了第二代太空小麦，每一粒都有第一代的 2 倍大。科学家们认为，太空的生长环境有助于提高作物产量，增强抗病性。他们将研究粮食在太空中的其他用途，使其在人类太空生活的各个方面都能发挥作用，最终帮助人类实现向其他星球移民的宏伟计划。

国际空间站升空后，美国和俄罗斯的专家又开始了空间植物研究。在国际空间站上的作物实验装置里，航天员栽种过豌豆和日本洋白菜，其中豌豆种植实验已成功收获了4次。从2004年11月开始，国际空间站上第10长期考察组成员——俄罗斯航天员萨利占·沙里波夫和美籍华裔航天员焦立中在国际空间站上栽培日本洋白菜、水萝卜和第四代豌豆；2005年他们的接班人继续照料所种的萝卜。这些研究将帮助确定最佳的土壤成分和研制可以用于更大太空温室的工艺，其中包括可在行星间飞船中使用的温室和月球基地上的大型温室。

居住在小小地球上的人类，多么想到无边无际的星空中去遨游。人们看到月亮，幻想出"嫦娥奔月"、"吴刚伐桂"、"玉兔捣药"等许多美丽的神话故事。但登月一看，月亮却是一片没有水，也没有空气的荒漠。其他星球的情况，也并不比月球更适于人类生活。

但外星球的恶劣条件，并不能打消人类的雄心壮志。美国、俄罗斯等航天大国都在进行实

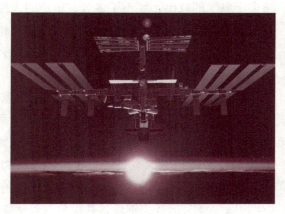

国际空间站

验，研究如何在无水无气的外星创造人类生活的条件。其中名气最大的实验是美国的"生物圈2号"计划。科学家为什么把他们的实验叫"生物圈2号"呢？原因是他们把人类生息的地球环境叫"生物圈1号"，而他们的实验就是要造出第二个地球环境。

美国从1984年起花费了近2亿美元，在亚利桑那州建造了这个几乎完全密封的实验基地。这是一座占地1.3万平方米的钢架结构的玻璃建筑，远远望去像一个巨大的温室。在这密封的建筑里有碧绿的麦田、地毯似的绿草地、碧波荡漾的鱼塘，还有袖珍的"海洋"，有各种家畜和家禽，也有几排供人居住的房子。

科学家想在一个人造小环境里造出人工大气，在那里有限的氧气和水分可以永远循环使用。要达到这个目的，就不能不借助于生态系统。以氧气为例，

人要吸收氧气和呼出二氧化碳；植物的光合作用却正好相反，需要吸收二氧化碳和放出氧气。如果使二者达到平衡，人和植物就都能健康生活。当然植物还可供给人类食物，人类又能供给植物肥料，这样，又能达到各自的营养物质的平衡。在这个小大气中，人类呼吸和植物蒸腾都能放出水汽，人的排泄物也有许多水分，这些水分收集和净化后也能反复使用。

但是，人造大气毕竟比不上地球真大气。因为在大气圈里各种物质收支既使有波动，也能互相调剂，最终仍然能达到平衡。但在"生物圈2号"里，则没有这种弹性，一切要计算得十分精确。还是以氧气为例，如果氧气的吸收略多于氧气的放出，要不了多久，里面的人类和其他生物就会感和缺氧，如不及时调剂，情况就会变得十分严重。而如果相反，吸收略小于放出，那么不要多久，就会出现氧气太多、二氧化碳不足的情况，植物因而无法进行光合作用，也就无法健康生长。

而正是对空气成分的控制的失误，导致了"生物圈2号"实验的失败。这个实验进行了1年多之后，土壤中的碳与氧气反应生成二氧化碳，部分二氧化碳与建筑材料中的钙发生反应，生成碳酸钙，结果，密封的建筑内的氧气含量从21%下降到14%。另外，建筑内的植物因大气成分失调而产量下降，养不活建筑内的实验员与牧畜，所以只好提前结束实验。更加令人意外的是，"生物圈2号"运行3年后，其中的二氧化碳猛增到79%，足以影响人体生理的功能，其中的原因目前尚未查清。

1996年1月1日，哥伦比亚大学接管了"生物圈2号"，模拟出一个类似地球的、可供人类生存的生态环境的研究仍在继续。

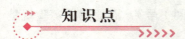

知识点

"和平号"空间站

"和平号"空间站是前苏联建造的一个轨道空间站，苏联解体后归俄罗斯。它是人类首个可长期居住的空间研究中心，经过数年由多个模块在轨道上组装而成。和平号空间站全长32.9米，体积约400立方米，重约137吨，其中科研仪器重约 11.5 吨。它在高 350～450 千米的轨道上运转，约 90 分钟环绕地球一周。它的设计工作始于 1976 年，1986 年 2 月 20 日发射升空。它提供基本的服务、航天员居住、生保、电力和科学研究。联盟–TM 载人飞船为和平号接送航天员，进步–M 货运飞船则为和平号运货。

由于种种原因，在工作 15 年后，取得无数成就的"和平号"空间站得坠毁。2001 年 1 月 27 日，给"和平号"送去受控坠毁所需燃料的"进步号"M1–5 成功与其对接。到了 3 月 23 日"和平号"空间站的碎片坠落在南太平洋预定海域。

延伸阅读

太空蔬菜的特点

种子：太空蔬菜种子是将普通蔬菜种子搭载于航天卫星，经过太空失重、缺氧等特殊环境变化，内部结构发生激变，返回地面后，经农业专家多年培育而成。1999 年 11 月 21 日我国成功发射的"神舟号"飞船亦搭载 10 多种植物种子飞越太空。

营养：太空蔬菜的维生素含量高于普通蔬菜 2 倍以上，对人体有益的微量元素含量铁提高 7.3%，锌提高 21.9%，铜提高 26.5%，磷提高 21.9%，锰提高 13.1%，胡萝卜素提高 5.88%。太空番茄可溶性糖含量高于普通番茄 25%。太空紫红薯赖氨酸、铜、锰、钾、锌的含量高于一般红薯 3～8 倍，尤其是抗癌物质碘、硒的含量比其他红薯高 20 倍以上，占食品中的第一位。

口感：比普通蔬菜更加美味可口，如太空甜椒可直接生吃，味道微甜，清脆爽口。太空紫红薯生食味甜，水分足，如优质水果；熟食集香、软、甜于一体，色、香、味俱佳，是城市居民、宾馆、饭店的上等保健食品。